Binomialverteilung, (hyper)geometrische Verteilung, Poisson-Verteilung und Co.

Jens Kunath

Binomialverteilung, (hyper)geometrische Verteilung, Poisson-Verteilung und Co.

Wichtige Wahrscheinlichkeitsverteilungen rund um Treffer, Nieten und Bernoulli-Experimente

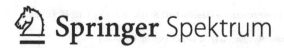

Springer Spektrum

Jens Kunath
Senftenberg, Deutschland

ISBN 978-3-662-65669-3   ISBN 978-3-662-65670-9   (eBook)
https://doi.org/10.1007/978-3-662-65670-9

Die Deutsche Nationalbibliothek verzeichnet diese Publikation in der Deutschen Nationalbibliografie; detaillierte bibliografische Daten sind im Internet über http://dnb.d-nb.de abrufbar.

Planung: Iris Ruhmann
Springer Spektrum ist ein Imprint der eingetragenen Gesellschaft Springer-Verlag GmbH, DE und ist ein Teil von Springer Nature.
Die Anschrift der Gesellschaft ist: Heidelberger Platz 3, 14197 Berlin, Germany

Vorwort

Dieses Lehrbuch richtet sich an Studenten[1] verschiedenster Fachrichtungen in den ersten Semestern, die in Unterrichtseinheiten zur Wahrscheinlichkeitsrechnung mit der Binomialverteilung und ihrer „Verwandtschaft", wie zum Beispiel der hypergeometrischen Verteilung, Bekanntschaft machen (müssen). Es eignet sich auch für interessierte Schüler auf dem Weg zum Abitur, denn diese Wahrscheinlichkeitsverteilungen werden in Schule und Hochschule gerne zur Illustration der häufig zum Einstieg in die Stochastik vorhergehenden Begriffsflut genutzt. Aus Zeitgründen bleiben dabei jedoch häufig einige Details zum (noch) besseren Verständnis auf der Strecke. Dieses Lehrbuch hat deshalb auch zum Ziel, das eine oder andere praktische Detail aufzugreifen, das im Unterricht vielleicht nicht (ausreichend) erklärt wird und in der weiterführenden Literatur zu kurz kommt oder nur versteckt zwischen den Zeilen steht.

Bei der Erarbeitung eines kompakten Lehrbuchs muss man sich als Autor entscheiden, ob man anschaulich erklärt oder Aussagen mathematisch bis ins allerkleinste Atom exakt beweist. Ich habe mich für den erstgenannten Ansatz entschieden, was nicht zuletzt der Tatsache geschuldet ist, dass im Vergleich zur Gruppe der Studierenden im Fach Mathematik die Gruppe der Studierenden in Studiengängen, in denen Mathematik „nur" eine Servicefunktion besitzt, eine klare Mehrheit bildet, die sich bei den hier behandelten Themen eher seltener mit Beweisen auseinandersetzen muss. Beweise können und sollen bei Bedarf in der weiterführenden Literatur nachgelesen werden.

In Kapitel 1 wird die Binomialverteilung behandelt, die der zentrale Drehpunkt dieses Buchs ist. Die Kapitel 2 und 3 widmen sich weiteren Wahrscheinlichkeitsverteilungen, die in geeigneter Weise direkt oder indirekt mit der Binomialverteilung in Beziehung stehen. Solche Verwandtschaftsverhältnisse ergeben sich beispielsweise durch ähnliche Argumentationen und Vorgehensweisen bei der Herleitung von Berechnungsformeln oder durch zueinander ähnliche Ei-

---

[1] Aus Gründen der besseren Lesbarkeit (und zur Vereinfachung des Sprachduktus) wird in diesem Buch in der Regel nur eine Form der Geschlechter verwendet, nämlich die männliche. Dabei sind stets alle geschlechtlichen Identitäten mitgemeint.

genschaften. In allen drei Kapiteln werden die wichtigsten Fakten zusammengetragen und mit Beispielen illustriert. Für das Verständnis ist es erforderlich, ein Vorwissen in gewissem Umfang vorauszusetzen. Damit Leser diesbezüglich nicht ganz allein bleiben, sind die wichtigsten Grundbegriffe in kompakter und mitnichten perfekter Weise im Kapitel 0 notiert. Zur vertieften Wiederholung sei ebenfalls auf die im Literaturverzeichnis genannten Lehrbücher verwiesen. Bekanntlich macht Übung den Meister und deshalb gibt es in Kapitel 4 eine Auswahl von Übungsaufgaben mit mehr oder weniger ausführlich kommentierten Lösungen.

Es folgen einige Hinweise zum Aufbau und zur Notation: Definitionen, Sätze, Folgerungen, Bemerkungen, wichtige Formeln und Beispiele sind in den Kapiteln 0 bis 3 jeweils fortlaufend durchnummeriert. Das erleichtert Querverweise und die Suche nach Inhalten, kann aber auch für eine Diskussion unter Lesern genutzt werden. Wichtige Begriffe und besondere fachliche Sprechweisen werden (mindestens) bei ihrer erstmaligen Erwähnung durch doppelte Unterstreichung hervorgehoben. Umrandete oder farbig ausgefüllte Boxen fassen zusammengehörende Inhalte zusammen. Der Anfang von Bemerkungen und Beispielen wird durch das jeweilige Schlüsselwort markiert, das Ende einer Bemerkung wird durch das Zeichen ◯ gekennzeichnet, Beispiele werden durch das Zeichen ◄ beendet. Die Aufgaben und die zugehörigen Lösungen in Kapitel 4 sind ebenfalls fortlaufend durchnummeriert, wobei zur Aufgabe x in Abschnitt 4.1 die Lösung x in Abschnitt 4.2 gehört.

Das Manuskript wurde von mir mehrfach durchgesehen. Mit an Sicherheit grenzender Wahrscheinlichkeit sind trotzdem (hoffentlich sehr wenige) Tipp- und Flüchtigkeitsfehler unentdeckt geblieben. Ich bitte alle Leser, die auf Fehler aller Art, unklare Formulierungen, falsche Lösungshinweise oder Ähnliches stoßen, diese dem Springer-Verlag mitzuteilen. Vielen Dank dafür.

Abschließend möchte ich allen fleißigen Mitarbeitern beim Springer-Verlag und dessen Dienstleistern danken, die zum Erscheinen dieses Buchs ihren Beitrag geleistet haben. Ein ganz besonderes Dankeschön richte ich dabei an Dr. Annika Denkert und Iris Ruhmann für ihr Interesse an meinem Buchprojekt und die von ihnen bis zur Abgabe bewiesene Geduld mit mir. Außerdem danke ich für die Möglichkeit, Satz und Layout bis hin zur Druckreife auch bei diesem Werk wieder mithilfe von LaTeX komplett selbst durchführen zu können.

Senftenberg, Februar 2022   *Jens Kunath*

Inhaltsverzeichnis

Vorwissen kompakt

0

Grundlage für die Wahrscheinlichkeitsrechnung sind Zufallsexperimente, die auch als Zufallsversuche bezeichnet werden.[1] Darunter verstehen wir Experimente mit einem nicht vorher bestimmbaren Ergebnis. Jedes Zufallsexperiment hat mindestens zwei voneinander verschiedene Ergebnisse, wobei die Menge aller möglichen Ergebnisse in einer Ergebnismenge Ω zusammengefasst wird und jede Teilmenge E von Ω heißt Ereignis. Dabei gilt:

- Die einelementigen Teilmengen von Ω heißen Elementarereignisse.
- $E = \emptyset$ heißt unmögliches Ereignis.
- $E = \Omega$ heißt sicheres Ereignis.
- $\overline{E} = \Omega \setminus E$ heißt Gegenereignis oder Komplementärereignis von E.

Wichtig ist ein Verständnis für den Begriff *Wahrscheinlichkeit*. Häufig wird dazu der folgende für Anwendungen unzureichende Ausgangspunkt verwendet:

Definition 0.1. Die einem Ereignis $E \subseteq \Omega$ zugeordnete Zahl $P(E)$ heißt *Wahrscheinlichkeit* des Ereignisses E und gibt Auskunft darüber, mit welcher Gewissheit das Eintreten des Ereignisses E zu erwarten ist.

Die folgende Definition ist eine Präzisierung für eine *diskrete* Ergebnismenge Ω, d. h., Ω enthält endlich viele oder abzählbar unendlich viele Werte:

Definition 0.2. Gegeben sei $\Omega = \{a_1; \ldots; a_n\}$. Die Funktion $P : \Omega \to [0;1]$ heißt Wahrscheinlichkeitsfunktion (bzw. Wahrscheinlichkeitsverteilung), wenn sie die folgenden Eigenschaften a), b) und c) erfüllt:

a) $P(\{a_1\}) + P(\{a_2\}) + \ldots + P(\{a_n\}) = 1$
b) $E = \{e_1; \ldots; e_r\} \subseteq \Omega, r \leq n \quad \Rightarrow \quad P(E) = P(\{e_1\}) + \ldots + P(\{e_r\})$
c) Es gilt $P(\emptyset) = 0$ und $P(\Omega) = 1$.

$P(\{a_i\})$ bzw. $P(E)$ heißen Wahrscheinlichkeit des Ereignisses $\{a_i\}$ bzw. E.

---

[1] Das Wort *Experiment* stammt aus dem Lateinischen und wird als Synonym für einen (wissenschaftlichen) *Versuch* verwendet.

© Der/die Autor(en), exklusiv lizenziert an
Springer-Verlag GmbH, DE, ein Teil von Springer Nature 2022
J. Kunath, *Binomialverteilung, (hyper)geometrische Verteilung, Poisson-Verteilung und Co.*, https://doi.org/10.1007/978-3-662-65670-9_1

Eine entsprechende Definition gibt es auch für den Fall stetiger Ergebnismengen Ω, die wir hier nicht benötigen. Für die Wahrscheinlichkeitsfunktion P gibt es eine Reihe von Rechenregeln, von denen in diesem Lehrbuch die folgenden benötigt werden:

Satz 0.3. Für beliebige Ereignisse $E_1, E_2, E \subseteq \Omega$ gilt:

a) $P(E_1 \cup E_2) = P(E_1) + P(E_2) - P(E_1 \cap E_2)$

b) $P(\overline{E}) = 1 - P(E)$ für $E \subseteq \Omega$

Besonders wichtig sind Zufallsexperimente, bei denen alle Ergebnisse gleichwahrscheinlich sind. Man spricht dabei von einem <u>Laplace-Experiment</u>[2], für das die folgenden *Abzählregeln* gelten:

Satz 0.4. Besteht die Ergebnismenge eines Laplace-Experiments aus $n \in \mathbb{N} \setminus \{1\}$ Elementarereignissen, d. h. $\Omega = \{a_1; \ldots; a_n\}$, dann tritt jedes Ereignis $\{a_i\}$ mit der Wahrscheinlichkeit $P(\{a_i\}) = \frac{1}{n}$ ein. Für ein Ereignis $E = \{e_1; \ldots; e_r\} \subseteq \Omega$ mit $r \leq n$ gilt $P(E) = \frac{r}{n}$.

Häufig wird man die Ereignisse bei einem Laplace-Experiment mit konkreten Objekten in Verbindung bringen. Der Klassiker ist dabei das sogenannte <u>Urnenmodell</u> mit $n \in \mathbb{N}$ Kugeln, die durch eine geeignete Nummerierung (z. B. 1 bis n) oder durch verschiedene Farben (z. B. $k < n$ weiße und $n - k$ rote) unterscheidbar sind. Das Ziehen von genau einer Kugel ist ein Laplace-Experiment, dessen Ausgang noch genauer formuliert werden muss. Das Ereignis E kann zum Beispiel darin bestehen, dass die gezogene Kugel weiß ist. Sind $k < n$ Kugeln in der Urne weiß, dann kann jede davon „auf gut Glück" mit der gleichen Wahrscheinlichkeit gezogen werden. Man sagt dann, dass von den n insgesamt möglichen Ergebnissen des Experiments k Ergebnisse zu E gehören. Vor diesem Hintergrund lässt sich die Berechnung der Wahrscheinlichkeit für das Eintreten von E verbal und einpägsam formulieren:

$$P(E) = \frac{\text{Anzahl der zu } E \text{ gehörenden Ergebnisse}}{\text{Anzahl aller möglichen Ergebnisse des Experiments}} \qquad (0.5)$$

Grundsätzlich unterscheidet man zwischen *einstufigen* und *mehrstufigen* Zufallsexperimenten, wobei letztere auch als *Versuchsketten* bezeichnet werden.

---

[2] Benannt nach dem französischen Mathematiker Pierre Simon de Laplace (1749 - 1827).

Ein mehrstufiges Zufallsexperiment besteht aus $m \in \mathbb{N}$ nacheinander durchgeführten (ein- oder mehrstufigen) Zufallsexperimenten. Ein in diesem Lehrbuch wichtiger Spezialfall ist dabei die m-malige Wiederholung eines Experiments. Die Ergebnisse eines m-stufigen Zufallsexperiments werden durch m-Tupel $H = (E_1, \ldots, E_m)$ beschrieben, wobei E_i das Ergebnis des i-ten (Teil-) Experiments ist.

Grafisch lassen sich m-stufige Zufallsexperimente mit einem <u>Baumdiagramm</u> darstellen, das zum Verständnis des Experimentablaufs genutzt werden kann, beim Aufdecken von Zusammenhängen hilft und alternativ als <u>Wahrscheinlichkeitsbaum</u> bezeichnet wird. In den Knoten des Baumdiagramms werden in geeigneter Weise die Elementarereignisse E der zugrunde liegenden Zufallsexperimente notiert, während an dem zu einem Knoten E hinführenden Zweig die Wahrscheinlichkeit $P(E)$ für das Eintreten des Ereignisses E notiert wird, wobei $P(E)$ von dem Ereignis des vorhergehenden Knotens und seiner Eintrittswahrscheinlichkeit abhängen kann. Ein Elementarereignis G des m-stufigen Zufallsexperiments wird durch genau eine Folge von m Knoten beschrieben, die als <u>Pfad</u> bezeichnet wird. Die Wahrscheinlichkeit von G kann aus den an den Zweigen notierten Einzelwahrscheinlichkeiten für die Ereignisse in den Knoten berechnet werden.

Das Ablesen und die Berechnung von Wahrscheinlichkeiten verdeutlichen wir an dem folgenden Beispielbaum eines dreistufigen Experiments, das aus zwei verschiedenen (einstufigen) Experimenten mit den Ergebnismengen $\{A, B\}$ bzw. $\{C, D\}$ zusammengesetzt ist:

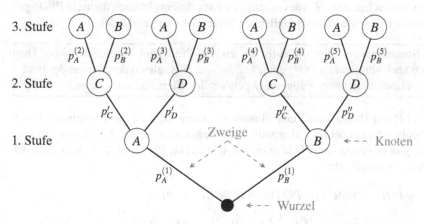

Wir müssen zwischen den Elementarereignissen A bis F des in einer Stufe durchgeführten Experiments und den Elementarereignissen des dreistufigen Experiments unterscheiden. Ein Elementarereignis des dreistufigen Zufallsexperiments ist zum Beispiel ADA, ein anderes Elementarereignis ist BDA und ein weiteres ist BCB. Zur Berechnung der Wahrscheinlichkeit ihres Eintretens, der sogenannten <u>Pfadwahrscheinlichkeit</u>, verwendet man die

> **(erste) Pfadregel**: Die Pfadwahrscheinlichkeit ist gleich dem Produkt der an den Zweigen notierten Wahrscheinlichkeiten entlang des Pfades, zu dem das Ereignis gehört.

Das bedeutet für die genannten Elementarereignisse und ihre Pfade:

$$P(ADA) = p_A^{(1)} \cdot p_D' \cdot p_A^{(3)}$$
$$P(BDA) = p_B^{(1)} \cdot p_D'' \cdot p_A^{(5)}$$
$$P(BCB) = p_B^{(1)} \cdot p_C'' \cdot p_B^{(4)}$$

Im Beispielbaum treten in Stufe 1 und 3 die gleichen Elementarereignisse des zugrunde liegenden (einstufigen) Experiments ein. Dies bedeutet jedoch nicht zwangsläufig, dass beispielsweise $p_A^{(1)} = p_A^{(3)} = p_A^{(5)}$ gelten muss. So kann das Eintreten des Ereignisses D in Stufe 2 dazu führen, dass $p_A^{(1)} \neq p_A^{(3)}$ gilt und $p_A^{(3)}$ kann von D bzw. p_D' abhängen.

Zu einem Ereignis H eines m-stufigen Experiments können mehrere Pfade gehören und seine Wahrscheinlichkeit berechnet sich gemäß der

> **Summenregel**, die alternativ als **zweite Pfadregel** bezeichnet wird: Die Wahrscheinlichkeit $P(H)$ eines Ereignisses H ist gleich der Summe der Pfadwahrscheinlichkeiten aller zu H gehörenden Elementarereignisse.

Sei H mit Bezug zum Beispielbaum das Ereignis, dass das Experiment mit A beginnt und endet oder alternativ mit B beginnt und endet. Für dieses Ereignis H gibt es genau vier Pfade, nämlich ACA, ADA, BCB und BDB, und nach der Summenregel gilt:

$$P(H) = P(ACA) + P(ADA) + P(BCB) + P(BDB)$$
$$= p_A^{(1)} \cdot p_C' \cdot p_A^{(2)} + p_A^{(1)} \cdot p_D' \cdot p_A^{(3)} + p_B^{(1)} \cdot p_C'' \cdot p_B^{(4)} + p_B^{(1)} \cdot p_D'' \cdot p_B^{(5)}$$

Unter anderem zur Selbstkontrolle wichtig ist die

Verzweigungsregel: Die Summe aller Wahrscheinlichkeiten an Zweigen, die von einem Knoten ausgehen, ist gleich 1..

Für den obigen Beispielbaum bedeutet dies zum Beispiel:

$$p_A^{(1)} + p_B^{(1)} = 1 \quad , \quad p_C' + p_D' = 1 \quad , \quad p_A^{(5)} + p_B^{(5)} = 1$$

Für die praktische Arbeit mit Ereignissen und ihnen zugeordneten Wahrscheinlichkeiten für ihr Eintreten ist das Argumentieren mit der Sprache der Mengenlehre oder mit verbalen Formulierungen nicht immer zweckmäßig. Beispielsweise kann es zu Missverständnissen kommen, wenn wir bei einem 8-stufigen Urnenexperiment die Anzahl der dabei gezogenen roten Kugeln als Ereignis betrachten und dieses in der Form *RRGBRBBG* notieren, wobei *R* für rot, *G* für grün und *B* für blau steht. Verständlicher werden Rechnungen, wenn wir die Anzahl der roten Kugeln einfach zählen und das Ergebnis einer Variable *X* zuweisen. Dieses Konzept lässt sich verallgemeinern:

Definition 0.6. Eine Abbildung $X : \Omega \rightarrow \mathbb{R}$ heißt <u>Zufallsvariable</u> (bzw. Zufallsgröße). Wir nennen die Zufallsvariable *X* diskret, wenn sie endlich bzw. abzählbar unendlich viele Werte $\{x_1; \dots; x_n\}$ annehmen kann. Gibt es zu jedem $x \in \mathbb{R}$ ein $E \in \Omega$ mit $X(E) = x$, so heißt *X* stetig.

Ordnet man jedem Wert $x \in \mathbb{R}$, den *X* annehmen kann, die zugehörige Wahrscheinlichkeit $P(X = x)$ zu, dann wird durch $f : \mathbb{R} \rightarrow [0; 1]$ mit

$$f(x) = P(X = x)$$

die <u>Wahrscheinlichkeitsverteilung</u> der Zufallsvariable *X* definiert. Ist *X* diskret, dann wird *f* auch als Wahrscheinlichkeitsfunktion oder Zähldichte bezeichnet. Ist *X* stetig, dann wird *f* auch als (Wahrscheinlichkeits-) Dichtefunktion bezeichnet.

Die Funktion $F : \mathbb{R} \rightarrow [0; 1]$ mit

$$F(x) = P(X \leq x)$$

heißt <u>kumulierte (bzw. kumulative) Verteilungsfunktion</u> von *X*.

Das 8-fache Ziehen einer Kugel führt zu einer diskreten Zufallsvariable X.
Das Elementarereignis *RRGBRBBG* lässt sich zusammen mit allen weiteren
dreimal R enthaltenden Elementarereignissen durch $X = 3$ ausdrücken. Beim
Kugelziehen können vorab die Fragen aufkommen, wie viele rote Kugeln bei
häufiger Wiederholung des Experiments im Mittel zu erwarten sind und wie die
Anzahl um diesen Mittelwert schwanken (variieren, streuen) kann. Das lässt
sich mit den folgenden Kenngrößen beantworten:

Definition 0.7.

Der <u>Erwartungswert</u> $\mathbb{E}(X)$ einer Zufallsvariable X ist definiert durch:

$$\mathbb{E}(X) = \begin{cases} \displaystyle\sum_k x_k \cdot P(X = x_k) & \text{, falls } X \text{ diskret} \\[2mm] \displaystyle\int_{-\infty}^{\infty} x \cdot f(x)\, dx & \text{, falls } X \text{ stetig} \end{cases}$$

Die Zahl

$$\mathrm{Var}(X) = \mathbb{E}\big((X - \mathbb{E}(X))^2\big)$$

heißt <u>Varianz</u> von X und die Zahl

$$\sigma = \sqrt{\mathrm{Var}(X)}$$

heißt <u>Standardabweichung</u> von X.

Ein wichtiges Werkzeug der Wahrscheinlichkeitsrechnung sind Zählvorgänge,
die wir insbesondere bei der Herleitung der in den nachfolgenden Kapiteln
behandelten Wahrscheinlichkeitsverteilungen benötigen, sodass wir um einen
Blick in die Lehre des Abzählens, die Kombinatorik, nicht herum kommen.

Dabei geht es genauer um das Zählen von k-Tupeln $(a_1; a_2; \ldots; a_k)$, die wir
uns als $k \in \mathbb{N}$ aneinander gereihte Plätze (oder auch Schubläden, Container
usw.) vorstellen können, die der Reihe nach durchnummeriert sind (Platz 1,
Platz 2, …, Platz k). Zu jedem Platz $i \in \{1; \ldots; k\}$ ist eine Menge M_i mit j_i
Elementen (Objekten) zugeordnet, aus der genau ein Element ausgewählt und
auf den Platz i gesetzt werden kann. Die Auswahl des auf den Platz i gesetzten
Elements aus M_i kann auf unterschiedliche Art und Weise erfolgen, sodass
eine verschiedene Anzahl von k-Tupeln gebildet werden kann, wobei zwei
k-Tupel verschieden sind, wenn sie an mindestens einem Platz mit gleicher

Platznummer verschieden besetzt sind. Die Anzahl solcher k-Tupel liefert das
<u>Fundamentalprinzip des Zählens</u>, das auch als <u>Multiplikationsregel</u> bezeichnet
wird und von der Vorstellung ausgeht, dass die k Plätze in $(a_1; a_2; \ldots; a_k)$ der
Reihe nach von links nach rechts besetzt werden:

Gibt es genau j_1 Möglichkeiten für die Wahl von a_1,
gibt es genau j_2 Möglichkeiten für die Wahl von a_2,

$\vdots$

gibt es genau j_{k-1} Möglichkeiten für die Wahl von a_{k-1}, und
gibt es genau j_k Möglichkeiten für die Wahl von a_k,

so lassen sich insgesamt

$$j_1 \cdot j_2 \cdot \ldots \cdot j_{k-1} \cdot j_k$$

verschiedene k-Tupel bilden. Dies lässt sich durch vollständige Induktion über
k beweisen. Die Anzahl möglicher k-Tupel lässt sich mithilfe eines Baumdiagramms darstellen und ermitteln (siehe Abb. 1).

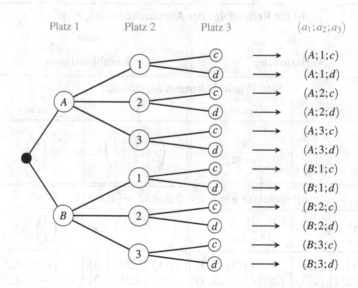

Abb. 1: Baumdiagramm zur Ermittlung der $2 \cdot 3 \cdot 2 = 12$ verschiedenen
3-Tupel für die Mengen $M_1 = \{A; B\}$, $M_2 = \{1; 2; 3\}$ und $M_3 = \{c; d\}$

Wichtige Spezialfälle ergeben sich, wenn $M := M_1 = M_2 = \ldots = M_k$ und damit $n := j_1 = j_2 = \ldots = j_k$ gilt. In diesem Fall geht es um die Auswahl von k aus n (unterscheidbaren) Elementen und dies ist anschaulich nichts anders als das bereits weiter oben angesprochene Urnenmodell: Aus einer Urne mit n Kugeln werden k Kugeln gezogen und das führt auf die Frage, wie viele verschiedene Anordnungen (Ziehungen) möglich sind. Dabei sind die folgenden zwei Kriterien zu beachten:

- Ist die Reihenfolge der Anordnung (Ziehung) wichtig, d. h., gilt z. B.

$$(1;2) = (2;1) \text{ oder } (1;2) \neq (2;1)?$$

- Sind Wiederholungen zugelassen (Ziehung *mit* oder *ohne* Zurücklegen)?

Ist die Reihenfolge bei der Anordnung von k Elementen wichtig, dann sprechen wir von einer Variation mit bzw. ohne Wiederholung. Ist die Reihenfolge nicht wichtig, dann sprechen wir von einer Kombination mit bzw. ohne Wiederholung. Die Anzahl der Variationen bzw. Kombinationen lässt sich gemäß der folgenden Tabelle berechnen:

Ist die **Reihenfolge** der Anordnung wichtig?			
ja		nein	
Variationen		**Kombinationen**	
Sind **Wiederholungen** zugelassen?			
ja	nein	ja	nein
n^k	$\dfrac{n!}{(n-k)!}$	$\dbinom{n+k-1}{k}$	$\dbinom{n}{k}$
Beispiel für $n = 3$, $k = 2$ und $M = \{1;2;3\}$			
$3^2 = 9$	$\dfrac{3!}{(3-2)!} = 6$	$\dbinom{3+2-1}{2} = 6$	$\dbinom{3}{2} = 3$
(1;1) (1;2) (1;3) (2;1) (2;2) (2;3) (3;1) (3;2) (3;3)	$-$ (1;2) (1;3) (2;1) $-$ (2;3) (3;1) (3;2) $-$	(1;1) (1;2) (1;3) $-$ (2;2) (2;3) $-$ $-$ (3;3)	$-$ (1;2) (1;3) $-$ $-$ (2;3) $-$ $-$ $-$

Die aus der Kombinatorik übernommenen Begriffe Variation und Kombination sind in Lehrbüchern zur Wahrscheinlichkeitsrechnung weit verbreitet. Vor dem Hintergrund der (elementaren) Statistik und besonders in Lehrbüchern zur Schulmathematik werden jedoch auch häufig die folgenden alternativen Bezeichnungen verwendet, die einen direkten Bezug zum Urnenmodell herstellen:

- Bei einer Variation mit bzw. ohne Wiederholung spricht man alternativ von der <u>Ziehung einer *geordneten* Stichprobe mit bzw. ohne Zurücklegen.</u>

- Entsprechend spricht man bei einer Kombination mit bzw. ohne Wiederholung alternativ von der <u>Ziehung einer *ungeordneten* Stichprobe mit bzw. ohne Zurücklegen.</u>

Bei der Variation ohne Wiederholung ergibt sich für $n = k$ ein wichtiger Spezialfall. Dabei geht es anschaulich darum, n unterscheidbare Elemente auf n Plätzen anzuordnen. Mit Bezug zum Urnenmodell geht es also darum, alle n Kugeln ohne Zurücklegen zu ziehen und ihre Ziehungsreihenfolge zu notieren. Bei dieser Art der Anordnung (Ziehung) sprechen wir von einer <u>Permutation ohne Wiederholung</u>. Die Anzahl aller möglichen Permutationen von n verschiedenen Elementen ohne Wiederholung ist:

$$\frac{n!}{(n-n)!} = \frac{n!}{0!} = n!$$

Ein klassisches Beispiel ist die Permutation von n verschiedenen Zahlen. Für $n = 3$ gibt es demnach $3! = 6$ verschiedene Permutationen ohne Wiederholung, und das sind die Folgenden:

$$(1;2;3), \ (1;3;2), \ (2;1;3), \ (2;3;1), \ (3;1;2), \ (3;2;1)$$

Übrigens muss man Anordnungen nicht zwangsläufig in der Form $(a_1; \ldots; a_k)$ schreiben. Für die Permutation von $n = 3$ natürlichen Zahlen kleiner als 10 ist beispielsweise auch die folgende kürzere Schreibweise üblich:

$$123, \ 132, \ 213, \ 231, \ 312, \ 321$$

Selbstverständlich muss man sich beim Zählen und Anordnen nicht nur auf Zahlen beschränken, sondern kann beliebige Objekte betrachten. So werden wir später zur besseren Verständnis Buchstaben nutzen und deren mögliche Anordnungen zählen. Zum Beispiel ergeben sich aus der (Buchstaben-) Menge

$\{A, h, x\}$ die folgenden Permutationen ohne Wiederholung:

$$Ahx, \quad Axh, \quad hAx, \quad hxA, \quad xAh, \quad xhA$$

Ein weiteres Zählproblem ergibt sich aus der Aufgabe, n Elemente so anzuordnen, dass dabei jeweils $n_1, n_2, \ldots, n_j$ Elemente nicht unterscheidbar sind und außerdem

$$n = n_1 + n_2 + \ldots + n_j$$

gilt. Mit Bezug zum Urnenmodell bedeutet dies, dass wir aus einer Urne mit n nummerierten Kugeln nacheinander n Kugeln mit Zurücklegen ziehen und ihre Nummer notieren, wobei die i-te Kugel n_i-mal gezogen wurde. Bei dieser Art der Anordnung (Ziehung) sprechen wir von einer <u>Permutation mit Wiederholung</u>. Die Anzahl aller möglichen Permutationen mit Wiederholung ist:

$$\frac{n!}{n_1! \cdot n_2! \cdot \ldots \cdot n_j!}$$

Dazu betrachten wir als Beispiel die Aufgabe, die Anzahl aller möglichen sechsstelligen Zahlen zu bestimmen, die sich aus den Ziffern 1, 1, 3, 5, 5 und 5 bilden lassen. Dass die 1 doppelt, die 3 einmal und die 5 dreimal gegeben sind, ist kein Schreibfehler, sondern bedeutet, dass zwei der sechs Stellen mit einer 1, eine der sechs Stellen mit einer 3 und drei der sechs Stellen mit einer 5 zu besetzen sind, wobei die Reihenfolge ihres Auftretens keine Rolle spielt. Beispiele für solche Zahlen sind:

$$113555, \quad 131555, \quad 351515, \quad 531155, \quad 553511$$

Gemäß den obigen Bezeichnungen gilt $n_1 = 2$, $n_2 = 1$, $n_3 = 3$, $n = 6$ und damit gibt es insgeamt

$$\frac{6!}{2! \cdot 1! \cdot 3!} = 60$$

verschiedene sechsstellige Zahlen mit den genannten Eigenschaften.

Die Binomialverteilung

1

1.1 Die Formel von Bernoulli

Wir betrachten jetzt Zufallsexperimente, die genau zwei mögliche Ergebnisse haben können. Dazu gehören beispielsweise:

- Werfen einer Münze: „Kopf" oder „Zahl"
- Werfen eines Würfels: „Sechs" oder „keine Sechs"
- Gütekontrolle eines Bauteils: „defekt" oder „nicht defekt"
- Ziehen aus einer Urne: „rote Kugel" oder „keine rote Kugel"

Die beiden Ergebnisse der Experimente sind zueinander invers, d. h., ist E eines der Ereignisse, so ist das andere das Gegenereignis $\overline{E}$. Man spricht allgemeiner von *__Treffer__* und *__Niete__* oder alternativ von *Erfolg* und *Misserfolg*.

> **Definition 1.1.** Ein Zufallsexperiment heißt __Bernoulli-Experiment__[1], wenn es genau zwei verschiedene und zueinander inverse Ergebnisse hat. Eine Zufallsvariable X, die bei einem der Ergebnisse den Wert 1 (Treffer), beim anderen den Wert 0 (Niete) annimmt, heißt __Bernoulli-Variable__. Die Wahrscheinlichkeit $p \in [0; 1]$ für einen Treffer wird als __Trefferwahrscheinlichkeit__ bezeichnet.

Eine Schwalbe macht bekanntlich keinen Sommer und im Sinne dieser Volksweisheit ist die Untersuchung eines einzelnen Bernoulli-Experiments eher langweilig. Spannender ist die mehrfache Hintereinanderausführung ein und desselben Bernoulli-Experiments, wobei für jede Durchführung die gleichen Ausgangsbedingungen und Spielregeln gelten.

Beispiel 1.2. Eine Münze wird viermal hintereinander geworfen. Jeder einzelne Wurf ist ein Bernoulli-Experiment mit der Ergebnismenge $\Omega = \{1; 0\}$ und der Trefferwahrscheinlichkeit $p = \frac{1}{2}$, wobei beispielsweise 1 für „Kopf" und 0

---

[1] Der Begriff ist nach dem Mathematiker Jakob Bernoulli (1654 - 1705) benannt. Eine alternative Bezeichnung dafür ist __Bernoulli-Versuch__.

© Der/die Autor(en), exklusiv lizenziert an
Springer-Verlag GmbH, DE, ein Teil von Springer Nature 2022
J. Kunath, *Binomialverteilung, (hyper)geometrische Verteilung, Poisson-Verteilung und Co.*, https://doi.org/10.1007/978-3-662-65670-9_2

für „Zahl" steht. Das viermalige Werfen der Münze kann als ein Zufallsexperiment aufgefasst werden, dessen Ergebnisse in Gestalt eines Viertupels über der Menge $\Omega^4 = \Omega \times \Omega \times \Omega \times \Omega$ ausgedrückt werden können. Ein Ereignis hat dann beispielsweise die Gestalt $(1;0;0;1)$. Die Beschreibung eines Ereignisses mit einem Tupel aus Nullen und Einsen erlaubt bequemes Rechnen und vereinfacht Beweise. Für den Sprachgebrauch und das Verständnis sind Zahlen jedoch nicht immer zweckmäßig und deshalb wird ein Ereignis häufig auch durch eine Abfolge von zwei fest definierten Buchstaben beschrieben. So können wir das Ereignis $(1;0;0;1)$ alternativ durch *KZZK* oder *TNNT* anschaulich beschreiben, wobei *K* für Kopf und *Z* für Zahl bzw. *T* für Treffer und *N* für Niete steht. ◄

Definition 1.3. Ein Zufallsexperiment, das aus $n \in \mathbb{N}$ *unabhängigen(!)* Durchführungen desselben Bernoulli-Experiments besteht, heißt Bernoulli-Kette der Länge n.

Beispiel 1.4. Aus einer Urne mit 46 weißen und 54 roten Kugeln wird 123-mal eine Kugel *mit Zurücklegen* entnommen und ihre Farbe notiert. Wir interpretieren das Ergebnis „weiß" als Treffer. Da nach jedem Zug die gezogene Kugel zurückgelegt wird, sind die Ziehungen unabhängig. Die Trefferwahrscheinlichkeit ist bei jedem Zug gleich und wird hier gemäß der klassischen Abzählregel (Laplace-Experiment) berechnet:

$$p = \frac{\text{Anzahl der weißen Kugeln}}{\text{Anzahl aller Kugeln}} = \frac{46}{46+54} = 0{,}46$$

Dieses Zufallsexperiment ist eine Bernoulli-Kette der Länge $n = 123$. ◄

ACHTUNG! Bei Ziehungen *ohne Zurücklegen* ergibt sich *keine* Bernoulli-Kette, da sich die Trefferwahrscheinlichkeit von Zug zu Zug ändert. Auf solche Experimente wird im folgenden Beispiel und in Kapitel 2 eingegangen.

Beispiel 1.5. Aus einer Urne mit 6 weißen und 4 roten Kugeln wird dreimal eine Kugel *ohne Zurücklegen* entnommen und ihre Farbe notiert. Wir interpretieren das Ergebnis „weiß" als Treffer. Dabei handelt es sich um 3 aufeinander folgende Bernoulli-Experimente mit jeweils einer anderen Trefferwahrscheinlichkeit p_k. Für das erste Ziehen einer Kugel gilt $p_1 = \frac{6}{10} = 0{,}6$. Wird dabei eine weiße Kugel gezogen, dann ist $p_2 = \frac{5}{9} \approx 0{,}56$ die Trefferwahrscheinlichkeit für den zweiten Zug. Wird beim ersten Zug dagegen eine rote Kugel gezogen, dann gilt für den zweiten Zug die Trefferwahrscheinlichkeit $p_2 = \frac{6}{9} \approx 0{,}67$. Die Trefferwahrscheinlichkeit ändert sich also bei jedem Zug und hängt vom Ergebnis des vorhergehenden Zuges ab, d. h., die Bernoulli-Experimente sind nicht unabhängig und folglich ist das Ziehen von 3 Kugeln ohne Zurücklegen keine Bernoulli-Kette. ◀

Bei einer Bernoulli-Kette der Länge $n \in \mathbb{N}$ ist die Fragestellung von Interesse, wie groß die Wahrscheinlichkeit $P(X = k)$ dafür ist, dass unter den n Wiederholungen des Experiments genau $k \in \{0; 1; \ldots; n\}$ Treffer sind. Bevor wir dafür eine kompakte Formel notieren, illustrieren wir die Berechnung von $P(X = k)$ mithilfe von Wahrscheinlichkeitsbäumen.

Beispiel 1.6. Ein idealer Würfel wird zweimal geworfen und X sei die Anzahl der dabei geworfenen Sechsen. Für diese Bernoulli-Kette der Länge $n = 2$ wollen wir die Wahrscheinlichkeit für das Ereignis $X = k$ berechnen, d. h., es werden genau $k \in \{0; 1; 2\}$ Sechsen geworfen. Dazu verdeutlichen wir mit dem Wahrscheinlichkeitsbaum in Abb. 2 zunächst alle möglichen Ereignisse der Bernoulli-Kette, wobei der Buchstabe T für einen Treffer („Sechs") steht und N für eine Niete („keine Sechs"). Es gibt mit TT genau einen Pfad mit $k = 2$ Treffern und nach der Pfadregel gilt:

$$P(X = 2) = \tfrac{1}{6} \cdot \tfrac{1}{6} = \tfrac{1}{36}$$

Weiter erkennen wir in Abb. 2 mit TN bzw. NT zwei verschiedene Pade mit jeweils genau einem Treffer. Nach der Pfad- und nach der Summenregel berechnen wir:

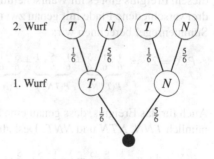

$$P(X = 1) = \tfrac{1}{6} \cdot \tfrac{5}{6} + \tfrac{5}{6} \cdot \tfrac{1}{6} = 2 \cdot \tfrac{1}{6} \cdot \tfrac{5}{6} = \tfrac{5}{18}$$

Außerdem gibt es genau einen Pfad mit zwei Nieten, d. h., die Wahrscheinlichkeit für keinen Treffer ist:

$$P(X = 0) = \tfrac{5}{6} \cdot \tfrac{5}{6} = \tfrac{25}{36} \quad ◀$$

Abb. 2: Wahrscheinlichkeitsbaum für das Werfen einer Sechs beim zweimaligen Wurf eines idealen Würfels

Beispiel 1.7. Wir würfeln noch ein wenig weiter, werfen den Würfel aber jetzt dreimal hintereinander. X sei wieder die Anzahl der dabei geworfenen Sechsen. Der Wahrscheinlichkeitsbaum in Abb. 3 verdeutlicht alle möglichen Ereignisse dieser Bernoulli-Kette der Länge $n = 3$.

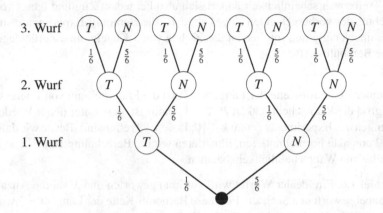

Abb. 3: Wahrscheinlichkeitsbaum für das Werfen einer Sechs beim dreimaligen Wurf eines idealen Würfels

Wir betrachten das Ereignis, dass genau zwei Sechsen erhalten werden. Zu diesem Ereignis gibt es im Wahrscheinlichkeitsbaum mit TTN, TNT und NTT drei verschiedene Pfade mit genau zwei Treffern. Nach der Pfad- und nach der Summenregel berechnen wir:

$$P(X = 2) = \underbrace{\tfrac{1}{6} \cdot \tfrac{1}{6} \cdot \tfrac{5}{6}}_{P(TTN)} + \underbrace{\tfrac{1}{6} \cdot \tfrac{5}{6} \cdot \tfrac{1}{6}}_{P(TNT)} + \underbrace{\tfrac{5}{6} \cdot \tfrac{1}{6} \cdot \tfrac{1}{6}}_{P(NTT)} = 3 \cdot \tfrac{1}{6} \cdot \tfrac{1}{6} \cdot \tfrac{5}{6} = \tfrac{5}{72} \approx 0{,}0694$$

Auch für das Ereignis, dass genau eine Sechs erhalten wird, gibt es drei Pfade, nämlich TNN, NTN und NNT. Deshalb berechnen wir:

$$P(X = 1) = \underbrace{\tfrac{1}{6} \cdot \tfrac{5}{6} \cdot \tfrac{5}{6}}_{P(TNN)} + \underbrace{\tfrac{5}{6} \cdot \tfrac{1}{6} \cdot \tfrac{5}{6}}_{P(NTN)} + \underbrace{\tfrac{5}{6} \cdot \tfrac{5}{6} \cdot \tfrac{1}{6}}_{P(NNT)} = 3 \cdot \tfrac{1}{6} \cdot \tfrac{5}{6} \cdot \tfrac{5}{6} = \tfrac{25}{72} \approx 0{,}3472$$

Weiter gibt es genau einen Pfad mit drei Nieten, woraus die Wahrscheinlichkeit $P(X = 0) = P(NNN) = \tfrac{5}{6} \cdot \tfrac{5}{6} \cdot \tfrac{5}{6} = \tfrac{125}{216} \approx 0{,}5787$ folgt.   ◄

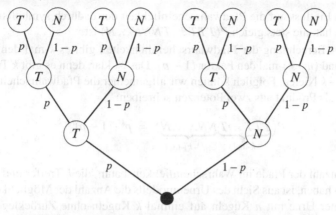

Abb. 4: Wahrscheinlichkeitsbaum für eine beliebige Bernoulli-Kette der Länge $n = 3$ mit der Trefferwahrscheinlichkeit p

Für die Praxis ist es natürlich nicht zweckmäßig, die Wahrscheinlichkeiten auf der Basis eines Wahrscheinlichkeitsbaums zu berechnen. Deshalb soll jetzt eine Formel hergeleitet werden, die eine Berechnung der Wahrscheinlichkeiten aus der Länge n der Bernoulli-Kette, der Trefferanzahl k und der Trefferwahrscheinlichkeit p gestattet. Dazu stellen wir zunächst fest, dass wir die Beispiele 1.6 und 1.7 von ihrem konkreten Hintergrund des Würfelns loslösen können und stattdessen eine Bernoulli-Kette der Länge $n = 3$ (bzw. $n \in \mathbb{N}$) auf Basis irgendeines beliebigen Bernoulli-Experiments mit einer beliebigen Trefferwahrscheinlichkeit $p \in [0; 1]$ betrachten können (siehe Abb. 4 zur Verdeutlichung). Deshalb können wir einerseits die Rechnungen aus den Beispielen vergleichen und analysieren und dabei andererseits verallgemeinern:

- Zu jedem Pfad im Wahrscheinlichkeitsbaum mit k Treffern ist die Pfadwahrscheinlichkeit gleich. Im Beispiel 1.7 bedeutet das beispielsweise für das Ereignis $X = 2$, dass $P(TTN) = P(TNT) = P(NTT)$ gilt. Beim Ereignis $X = 1$ gilt entsprechend $P(TNN) = P(NTN) = P(NNT)$. Demnach spielt die Reihenfolge bei der Anordnung von Treffern und Nieten auf einem Pfad für die Berechnung der Pfadwahrscheinlichkeit keine Rolle, sondern lediglich die Anzahl k der Treffer. Für eine Bernoulli-Kette von beliebiger Länge $n \in \mathbb{N}$ bedeutet dies, dass eine Permutation in der Zeichenfolge

$$\underbrace{TTT \ldots T}_{k\text{-mal}} \underbrace{NNN \ldots N}_{(n-k)\text{-mal}}$$

keinen Einfluss auf die Pfadwahrscheinlichkeit des dadurch symbolisierten Pfades hat, die stets gleich $P(TTT\ldots TNNN\ldots N)$ ist.[2]

- Bei der Berechnung der Pfadwahrscheinlichkeiten gibt es k-mal den Faktor p und $(n-k)$-mal den Faktor $(1-p)$. Das ist klar, denn es gibt k Treffer und $n-k$ Nieten. Folglich können wir allgemeiner die Pfadwahrscheinlichkeiten als Produkt aus zwei Potenzen schreiben:

$$P(\underbrace{TTT\ldots T}_{k\text{-mal}}\underbrace{NNN\ldots N}_{(n-k)\text{-mal}}) = p^k \cdot (1-p)^{n-k}$$

- Die Anzahl der Pfade im Wahrscheinlichkeitsbaum, die k Treffer und $n-k$ Nieten haben, ist aus Sicht des Urnenmodells die Anzahl der Möglichkeiten, aus einer Urne mit n Kugeln auf einmal k Kugeln ohne Zurücklegen zu entnehmen (Kombination ohne Wiederholung). Folglich gibt es $\binom{n}{k}$ solche Pfade und die Anwendung der Pfad- und der Summenregel ergibt:

$$P(X=k) = \binom{n}{k} \cdot P(\underbrace{TTT\ldots T}_{k\text{-mal}}\underbrace{NNN\ldots N}_{(n-k)\text{-mal}}) = \binom{n}{k} \cdot p^k \cdot (1-p)^{n-k}$$

Zusammenfassung:

Satz 1.8. Ein Bernoulli-Experiment mit der Trefferwahrscheinlichkeit $p \in [0;1]$ werde n-mal ($n \in \mathbb{N}$) unabhängig durchgeführt. X sei die Zufallsvariable für die Anzahl der Treffer in dieser Bernoulli-Kette. Die Wahrscheinlichkeit $P(X=k)$ für genau $k \in \{0;1;\ldots;n\}$ Treffer wird nach der <u>Formel von Bernoulli</u> berechnet:

$$P(X=k) = \binom{n}{k} \cdot p^k \cdot (1-p)^{n-k}$$

Zur Herleitung der Formel von Bernoulli sind wir hier von einem Beispiel ausgegangen und haben die daraus erhaltenen Beobachtungen verallgemeinert. Diese Vorgehensweise ist anschaulich und leicht verständlich, ersetzt jedoch keinen korrekt geführten Beweis von Satz 1.8, wie er beispielsweise in [3], [4] und [7] zu finden ist.

---

[2] Unter einer Permutation der Zeichenfolge wird die Veränderung in der Reihenfolge der Anordnung der Buchstaben T und N verstanden, wobei auch in der neuen Anordnung genau k-mal T und genau $(n-k)$-mal N enthalten sind. Eine Permutation von $TTTTNNN$ ist zum Beispiel $NTTNTTN$.

Beispiel 1.9. Zur Illustration der Formel von Bernoulli notieren wir die Rechnungen aus Beispiel 1.7, d. h. $n = 3$ und $p = \frac{1}{6}$, in genau dieser Darstellung:

- $P(X = 2) = \binom{3}{2} \cdot \left(\frac{1}{6}\right)^2 \cdot \left(\frac{5}{6}\right)^1$
- $P(X = 1) = \binom{3}{1} \cdot \left(\frac{1}{6}\right)^1 \cdot \left(\frac{5}{6}\right)^2$
- $P(X = 0) = \binom{3}{0} \cdot \left(\frac{1}{6}\right)^0 \cdot \left(\frac{5}{6}\right)^3$ ◄

Beispiel 1.10. Ein Tierarzt behandelt 10 kranke Tiere mit einem Medikament, das nach Angaben des Herstellers in 80 % aller Anwendungen zur Heilung führt. Die Behandlung eines einzelnen Tiers ist ein Bernoulli-Experiment mit den Ergebnissen „Tier geheilt" (Treffer) bzw. „Tier nicht geheilt" (Niete). Beeinflussen sich die Heilungsprozesse gegenseitig nicht, kann man die Behandlung von 10 Tieren als Bernoulli-Kette mit der Trefferwahrscheinlichkeit $p = 0,8$ auffassen. Wir betrachten drei verschiedene Ereignisse:

a) Für den Heilerfolg bei *genau* 8 von 10 Tieren berechnen wir:

$$P(X = 8) = \binom{10}{8} \cdot 0,8^8 \cdot (1 - 0,8)^{10-8} = 45 \cdot 0,8^8 \cdot 0,2^2 \approx 0,302$$

Mit einer Wahrscheinlichkeit von rund 30,2 % werden genau 8 von 10 Tieren geheilt.

b) Ein Heilerfolg bei *mindestens* 9 von 10 Tieren bedeutet, dass 9 *oder* 10 Tiere geheilt werden. Die Wahrscheinlichkeit für dieses Ereignis ergibt sich demnach aus den Einzelwahrscheinlichkeiten für den Heilerfolg bei genau 9 bzw. bei genau 10 Tieren, die wir addieren müssen:

$$
\begin{aligned}
P(X \geq 9) &= P(X = 9) + P(X = 10) \\
&= \binom{10}{9} \cdot 0,8^9 \cdot 0,2^1 + \binom{10}{10} \cdot 0,8^{10} \cdot 0,2^0 \\
&= 10 \cdot 0,8^9 \cdot 0,2 + 0,8^{10} \approx 0,3758
\end{aligned}
$$

Mit einer Wahrscheinlichkeit von rund 37,6 % werden mindestens 9 von 10 Tieren geheilt.

c) Ein Heilerfolg bei *höchstens* 2 Tieren bedeutet, dass kein, ein *oder* zwei Tiere geheilt werden. Folglich müssen wir jeweils die Einzelwahrscheinlichkeiten für den Heilerfolg bei genau 0, genau 1 und genau 2 Tieren berechnen und addieren:

$$P(X \leq 2) = P(X = 0) + P(X = 1) + P(X = 2)$$

$$= \binom{10}{0} \cdot 0{,}8^0 \cdot 0{,}2^{10} + \binom{10}{1} \cdot 0{,}8^1 \cdot 0{,}2^9 + \binom{10}{2} \cdot 0{,}8^2 \cdot 0{,}2^8$$

$$= 0{,}2^{10} + 10 \cdot 0{,}8 \cdot 0{,}2^9 + 45 \cdot 0{,}8^2 \cdot 0{,}2^8 \approx 0{,}00007793$$

Mit einer Wahrscheinlichkeit von rund 0,008 % werden höchstens 2 von 10 Tieren geheilt. ◀

Beispiel 1.11. Ein Multiple-Choice-Test besteht aus 5 voneinander unabhängigen Fragen mit jeweils 3 verschiedenen Antwortmöglichkeiten, von denen stets genau eine richtig ist. Zum Bestehen des Tests sind mindestens 3 richtig beantwortete Fragen erforderlich. Ein Prüfungskandidat hat nicht gelernt und muss notgedrungen den Test durch Raten lösen, indem er pro Frage willkürlich jeweils eine Antwortmöglichkeit ankreuzt. Diese Strategie wirft drei Fragen auf:

a) Welche Anzahl richtiger Antworten ist am wahrscheinlichsten?
b) Mit welcher Wahrscheinlichkeit wird der Prüfling den Test bestehen?
c) Mit welcher Wahrscheinlichkeit wird der Prüfling den Test nicht bestehen?

Die Art und Weise der Prüfungsteilnahme entspricht einer Bernoulli-Kette der Länge $n = 5$ und bei dem zugrunde liegenden Bernoulli-Experiment, also die Beantwortung einer Frage auf gut Glück, gibt es die Ereignisse „Antwort richtig" (Treffer) bzw. „Antwort nicht richtig" (Niete). Die Trefferwahrscheinlichkeit ist $p = \frac{1}{3}$. Zur Beantwortung von Frage a) berechnen wir in der folgenden Tabelle die Wahrscheinlichkeiten $P(X = k)$ für alle $k \in \{0; 1; 2; 3; 4; 5\}$ nach der Formel von Bernoulli:

k	$P(X=k) =$
0	$\binom{5}{0} \cdot \left(\frac{1}{3}\right)^0 \cdot \left(\frac{2}{3}\right)^5 = 1 \cdot 1 \cdot \frac{32}{243} = \frac{32}{243} \approx 0{,}13169$
1	$\binom{5}{1} \cdot \left(\frac{1}{3}\right)^1 \cdot \left(\frac{2}{3}\right)^4 = 5 \cdot \frac{1}{3} \cdot \frac{16}{81} = \frac{80}{243} \approx 0{,}32922$
2	$\binom{5}{2} \cdot \left(\frac{1}{3}\right)^2 \cdot \left(\frac{2}{3}\right)^3 = 10 \cdot \frac{1}{9} \cdot \frac{8}{27} = \frac{80}{243} \approx 0{,}32922$
3	$\binom{5}{3} \cdot \left(\frac{1}{3}\right)^3 \cdot \left(\frac{2}{3}\right)^2 = 10 \cdot \frac{1}{27} \cdot \frac{4}{9} = \frac{40}{243} \approx 0{,}16461$
4	$\binom{5}{4} \cdot \left(\frac{1}{3}\right)^4 \cdot \left(\frac{2}{3}\right)^1 = 5 \cdot \frac{1}{81} \cdot \frac{2}{3} = \frac{10}{243} \approx 0{,}04115$
5	$\binom{5}{5} \cdot \left(\frac{1}{3}\right)^5 \cdot \left(\frac{2}{3}\right)^0 = 1 \cdot \frac{1}{243} \cdot 1 = \frac{1}{243} \approx 0{,}00411$

Daraus lesen wir $P(X = 1) = P(X = 2)$ ab und das bedeutet, dass Frage a) nicht eindeutig beantwortet werden kann, d. h., die Wahrscheinlichkeit für $k = 1$ und $k = 2$ richtig beantwortete Fragen ist gleich groß und größer als die Wahrscheinlichkeit für $k \in \{0; 3; 4; 5\}$ richtig beantwortete Fragen. Für die Beantwortung von Frage b) machen wir uns klar, dass die Prüfung bestanden ist, wenn 3, 4 oder 5 Fragen richtig beantwortet werden. Die Wahrscheinlichkeit $P(X \geq 3)$ für das Bestehen der Prüfung ergibt sich also aus den Einzelwahrscheinlichkeiten für genau 3 bzw. 4 bzw. 5 richtig beantwortete Fragen, die wir addieren müssen:

$$P(X \geq 3) = P(X = 3) + P(X = 4) + P(X = 5)$$
$$= \tfrac{40}{243} + \tfrac{10}{243} + \tfrac{1}{243} = \tfrac{51}{243} \approx 0{,}20988$$

Offenbar ist das Ratespiel keine gute Strategie, denn die Wahrscheinlichkeit für das Bestehen der Prüfung liegt bei mageren rund 21 %. Zur Beantwortung von Frage c) berechnen wir die Wahrscheinlichkeit $P(X < 3)$ nach analogen Grundsätzen:

$$P(X < 3) = P(X \leq 2) = P(X = 0) + P(X = 1) + P(X = 2)$$
$$= \tfrac{32}{243} + \tfrac{80}{243} + \tfrac{80}{243} = \tfrac{192}{243} \approx 0{,}79012$$

Alternativ kann man zum Gegenereignis übergehen, d. h.

$$P(X < 3) = 1 - P(X \geq 3) \approx 1 - 0{,}20988 = 0{,}79012 \,.$$

Die Wahrscheinlichkeit für das Nichtbestehen der Prüfung ist mit rund 79 % überaus hoch. ◄

Die Berechnung der Wahrscheinlichkeit $P(X = k + 1)$ kann man übrigens auf die Wahrscheinlichkeit $P(X = k)$ zurückführen. Das führt auf eine Rekursionsformel, deren Herleitung lediglich die Anwendung der Definition und die Eigenschaften des Binomialkoeffizienten sowie die ergänzende Anwendung der Potenzgesetze erfordert. Im Detail sieht das folgendermaßen aus:

$$P(X = k + 1) = \binom{n}{k+1} \cdot p^{k+1} \cdot (1-p)^{n-k-1}$$
$$= \frac{n!}{(n-k-1)! \cdot (k+1)!} \cdot \frac{p}{1-p} \cdot p^k \cdot (1-p)^{n-k}$$

$$= \frac{(n-k) \cdot (n-k+1) \cdot \ldots \cdot (n-1) \cdot n}{1 \cdot 2 \cdot \ldots \cdot k \cdot (k+1)} \cdot \frac{p}{1-p} \cdot p^k \cdot (1-p)^{n-k}$$

$$= \frac{n-k}{k+1} \cdot \frac{(n-k+1) \cdot \ldots \cdot (n-1) \cdot n}{1 \cdot 2 \cdot \ldots \cdot k} \cdot \frac{p}{1-p} \cdot p^k \cdot (1-p)^{n-k}$$

$$= \frac{n-k}{k+1} \cdot \frac{p}{1-p} \cdot \binom{n}{k} \cdot p^k \cdot (1-p)^{n-k}$$

Das Produkt der letzten drei Faktoren ist gleich $P(X = k)$ und das bedeutet:

Satz 1.12. Die Zufallsvariable X zähle die Treffer in einer Bernoulli-Kette der Länge $n \in \mathbb{N}$ mit der Trefferwahrscheinlichkeit $p \in [0; 1]$. Dann gilt

$$P(X = k+1) = \frac{n-k}{k+1} \cdot \frac{p}{1-p} \cdot P(X = k)$$

für alle $k \in \{0; 1; \ldots; n-1\}$, wobei $P(X = 0) = (1-p)^n$ zu beachten ist.

Mit dieser Rekursionsformel lässt sich die nicht immer durchführbare Berechnung der Binomialkoeffizienten und der damit verbundene „Zahlenüberlauf"
(Overflow) auf dem Computer umgehen, denn durch die konsequente Anwendung der Formel lassen sich die zu berechnenden Produkte „klein" halten.
Außerdem lässt sich mit Satz 1.12 der Rechenaufwand reduzieren, wenn beispielsweise zu einer Bernoulli-Kette die Wahrscheinlichkeiten $P(X = k)$ für
alle $k \in \{0; 1; \ldots; n\}$ berechnet werden müssen. Die Rekursionsformel wird
auch in vielen theoretischen Überlegungen benötigt, etwa zur Herleitung geeigneter Näherungsformeln zur Berechnung der Wahrscheinlichkeiten $P(X = k)$
für spezielle Fälle von Werten für die Parameter n und p.

1.2 Definition der Binomialverteilung

Die Zufallsvariable X einer Bernoulli-Kette nennen wir diskret, da X nur endlich viele Werte annehmen kann. Die zu X zugehörige Wahrscheinlichkeitsverteilung wird maßgeblich durch ihre Wahrscheinlichkeitsfunktion
$B_{n;p} : \mathbb{R} \rightarrow [0; 1]$ bestimmt. Da $B_{n;p}$ nach der allgemeinen Theorie der Wahrscheinlichkeitsverteilungen auf den reellen Zahlen definiert wird, X jedoch nur
Werte aus $\{0; 1; \ldots; n\}$ annimmt, muss zur Definition von $B_{n;p}$ eine Fallunterscheidung vorgenommen werden.

Satz / Definition 1.13. Gegeben sei eine Bernoulli-Kette der Länge $n \in \mathbb{N}$ mit der Trefferwahrscheinlichkeit $p \in [0;1]$. Weiter zähle die Zufallsvariable X die Treffer $k \in \{0;1;2;\ldots;n\}$ in der gegebenen Bernoulli-Kette. Die Wahrscheinlichkeitsverteilung von X heißt <u>Binomialverteilung mit den Parametern n und p</u> und besitzt die Wahrscheinlichkeitsfunktion $B_{n;p} : \mathbb{R} \to [0;1]$ mit:

$$B_{n;p}(k) := \begin{cases} \binom{n}{k} p^k (1-p)^{n-k} & , k \in \{0;1;2;\ldots;n\} \\ 0 & , \text{sonst} \end{cases}$$

Bemerkung 1.14.

a) Man sagt abkürzend, dass die Zufallsvariable X *binomialverteilt* mit den Parametern n und p ist. Noch kürzer schreibt man in Lehrbüchern, dass X $B_{n;p}$-verteilt ist.

b) Zur Vereinfachung wird $0^0 := 1$ vereinbart.

c) Die Bezeichnung der Wahrscheinlichkeitsfunktion ist nicht einheitlich geregelt. So wird in Lehrbüchern und Formelsammlungen statt $B_{n;p}(k)$ zum Beispiel das Symbol $B(n;p;k)$ verwendet.

d) Die Bezeichnung *Binomial*verteilung hängt mit dem binomischen Lehrsatz zusammen, denn dessen Anwendung ergibt:

$$\big(p + (1-p)\big)^n = \sum_{k=0}^{n} \binom{n}{k} p^k (1-p)^{n-k} = \sum_{k=0}^{n} P(X = k)$$

Die Wahrscheinlichkeiten $P(X = k)$ stellen also die Summanden in der Binomialentwicklung der Potenz $\big(p + (1-p)\big)^n$ dar. Damit lässt sich auch leicht einsehen, dass durch die Funktion $B_{n;p}(k) = P(X = k)$ tatsächlich eine Wahrscheinlichkeitsverteilung gegeben ist, denn es gilt:

$$p + (1-p) = 1 \quad \Rightarrow \quad \big(p + (1-p)\big)^n = 1 \quad \Leftrightarrow \quad \sum_{k=0}^{n} P(X = k) = 1$$

e) Statt $\mathbb{R}$ kann man passgenau die Menge $\{0;1;2;\ldots;n\}$ als Definitionsbereich von $B_{n;p}$ ansetzen. Das wäre aus der Sicht von Lernenden zwar leichter nachvollziebar, macht aber für diverse Rechnungen Fallunterscheidungen oder zusätzliche Argumentationen erforderlich, die sich mit dem Definitionsbereich $\mathbb{R}$ vermeiden lassen.

Lässt man in der Tabelle in Beispiel 1.11 die Berechnungsdetails und die gerundeten Näherungswerte weg, dann ergibt sich daraus der Prototyp einer Wertetabelle für die Wahrscheinlichkeitsfunktion einer Binomialverteilung, die in den Abb. 5 und 6 als Ergänzung zu der grafischen Darstellung durch ein Stabdiagramm notiert ist.[3]

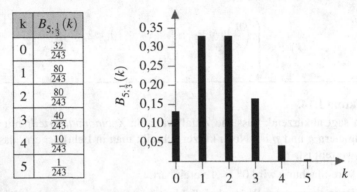

k	$B_{5;\frac{1}{3}}(k)$
0	$\frac{32}{243}$
1	$\frac{80}{243}$
2	$\frac{80}{243}$
3	$\frac{40}{243}$
4	$\frac{10}{243}$
5	$\frac{1}{243}$

Abb. 5: Wertetabelle (links) und Stabdiagramm (rechts) für die Wahrscheinlichkeitsfunktion $B_{5;\frac{1}{3}}$

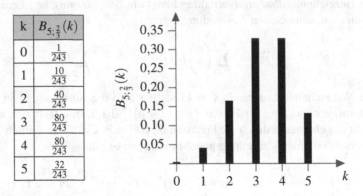

k	$B_{5;\frac{2}{3}}(k)$
0	$\frac{1}{243}$
1	$\frac{10}{243}$
2	$\frac{40}{243}$
3	$\frac{80}{243}$
4	$\frac{80}{243}$
5	$\frac{32}{243}$

Abb. 6: Wertetabelle (links) und Stabdiagramm (rechts) für die Wahrscheinlichkeitsfunktion $B_{5;\frac{2}{3}}$

---

[3] Die grafische Darstellung der Funktion $B_{n;p}$ durch ein Stabdiagramm ist weit verbreitet, steht aber im Widerspruch zu der üblichen Darstellung einer diskreten Funktion $g : M \to \mathbb{R}$, bei der man zur Darstellung des Funktionswerts $g(k)$ an der Stelle $k \in M$ nur den isolierten Punkt $(k|g(k))$ hervorhebt. So kann man natürlich auch für $B_{n;p}$ vorgehen.

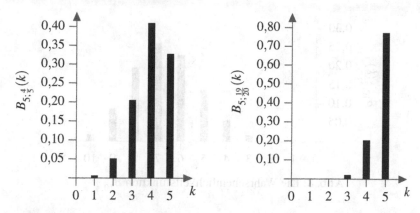

Abb. 7: Die Wahrscheinlichkeitsfunktionen $B_{5;\frac{4}{5}}$ (links) und $B_{5;\frac{19}{20}}$ (rechts)

Die Abb. 6 und 7 zeigen die Wahrscheinlichkeitsfunktion zu $n = 5$ und $p = \frac{2}{3}$, $p = \frac{4}{5}$ bzw. $p = \frac{19}{20}$. Aus einem Vergleich der Abb. 5 und 6 erkennen wir, dass beispielsweise $B_{5;\frac{1}{3}}(0) = B_{5;\frac{2}{3}}(5)$ und $B_{5;\frac{1}{3}}(1) = B_{5;\frac{2}{3}}(4)$ gilt. Dies lässt sich verallgemeinern und bedeutet, dass die Binomialverteilung in Bezug auf die Trefferwahrscheinlichkeit p und die Trefferanzahl k symmetrisch ist.

Genauer gilt:

Satz 1.15. Für die Binomialverteilung mit den Parametern $n \in \mathbb{N}$ und $p \in [0; 1]$ gilt die folgende Symmetriebeziehung:

$$B_{n;p}(k) = B_{n;1-p}(n-k), \quad k \in \{0; 1; \ldots; n\}$$

Ein Vergleich der Wahrscheinlichkeitsfunktionen in den Abb. 5 bis 7 zeigt außerdem: Je größer bei fest gewähltem n die Trefferwahrscheinlichkeit p ist, umso weiter rechts liegt das Maximum der Wahrscheinlichkeitsfunktion. Das bedeutet, dass mit wachsender Trefferwahrscheinlichkeit p höhere Trefferanzahlen k wahrscheinlicher sind.

Die Abb. 8 und 9 zeigen die Wahrscheinlichkeitsfunktion zu $p = \frac{2}{3}$ und $n = 10$ bzw. $n = 15$. Ein Vergleich mit Abb. 6 zeigt, dass bei fest gewählter Trefferwahrscheinlichkeit p eine Vergößerung von n zu einer flacheren Wahrscheinlichkeitsfunktion $B_{n;p}$ führt, d. h., die Maxima werden kleiner.

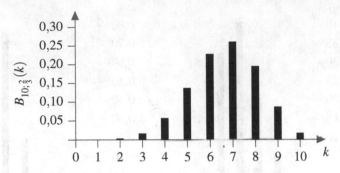

Abb. 8: Die Wahrscheinlichkeitsfunktion $B_{10;\frac{2}{3}}$

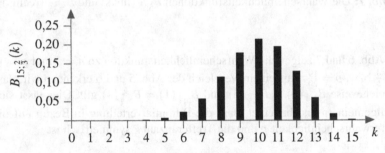

Abb. 9: Die Wahrscheinlichkeitsfunktion $B_{15;\frac{2}{3}}$

In der Praxis ist oft nicht die Wahrscheinlichkeit $P(X = k) = B_{n;p}(k)$ für das Erreichen von genau k Treffern von Interesse, sondern zum Beispiel die Wahrscheinlichkeit $P(X \leq k)$ dafür, dass *höchstens* k Treffer erreicht werden. Solche Wahrscheinlichkeiten haben wir bereits in den Beispielen 1.10 und 1.11 bestimmt und die dort behandelten Grundsätze für spezielle Trefferanzahlen k lassen sich verallgemeinern. Das Erreichen von höchstens k Treffern bedeutet demnach, dass 0, 1, 2, ..., $k-1$ *oder* k Treffer erreicht werden. Zur Berechnung von $P(X \leq k)$ müssen wir folglich jeweils die Einzelwahrscheinlichkeiten $P(X = z)$ für $z = 0, 1, 2, \ldots, k - 1, k$ berechnen und addieren:

$$P(X \leq k) \;=\; \sum_{z=0}^{k} P(X = z) \;=\; \sum_{z=0}^{k} B_{n;p}(z) \;=\; \sum_{z=0}^{k} \binom{n}{z} p^{z} (1-p)^{n-z}$$

In der Theorie zu diskreten Zufallsvariablen X entspricht die Wahrscheinlichkeit $P(X \leq k)$ dem Funktionswert einer zweiten wichtigen Funktion:

Satz 1.16. Die mit den Parametern $n \in \mathbb{N}$ und $p \in [0;1]$ binomialverteilte Zufallsvariable X hat die Verteilungsfunktion $F_{n;p} : \mathbb{R} \to [0;1]$ mit:

$$F_{n;p}(x) := \begin{cases} 0 & , x < 0 \\ \displaystyle\sum_{z=0}^{\lfloor x \rfloor} B_{n;p}(z) & , x \geq 0 \end{cases}$$

Bemerkung 1.17.

a) $\lfloor x \rfloor$ ist die größte ganze Zahl u, für die $u \leq x$ gilt. Das Symbol $\lfloor \cdot \rfloor$ wird als *untere Gaußklammer* oder *floor-Funktion* bezeichnet und seine Bedeutung besteht im Abrunden einer reellen Zahl x auf die nächstgelegene ganze Zahl u. Die Summation erfolgt also über alle $z \in \{0;1;\ldots;u\}$.

b) Aus $B_{n;p}(z) = 0$ für $z \notin \{0;1;\ldots;n\}$ und wegen Bemerkung 1.14 d) ergibt sich $F_{n;p}(x) = P(X \leq n) = 1$ für $x \geq n$.

c) Es gilt $F_{n;p}(0) = P(X \leq 0) = P(X = 0) = B_{n;p}(0)$.

d) Es gilt $F_{n;p}(k) - F_{n;p}(k-1) = B_{n;p}(k) = P(X = k)$ für alle $k \in \{0;1;\ldots;n\}$.

e) Die Funktion $F_{n;p}$ ist eine sogenannte *Treppenfunktion*, die an den Stellen $x = k$ für $k \in \{0;1;\ldots;n\}$ unstetig und in den Intervallen $[k;k+1)$ konstant ist. Diese Tatsachen führen auf die folgende alternative Darstellung:

$$F_{n;p}(x) = \begin{cases} 0 & , x \in (-\infty;0) \\ P(X = 0) & , x \in [0;1) \\ P(X \leq 1) & , x \in [1;2) \\ \quad\vdots \\ P(X \leq n-1) & , x \in [n-1;n) \\ 1 & , x \in [n;\infty) \end{cases}$$

f) Obwohl die Zufallsvariable X nur Werte aus $\{0;1;\ldots;n\}$ annimmt, wurde in Satz 1.16 die Menge der reellen Zahlen als Definitionsbereich von $F_{n;p}$ genutzt und entsprechende Funktionswerte $F_{n;p}(k)$ für $k \notin \{0;1;\ldots;n\}$ definiert. Das entspricht der allgemeinen Theorie zu Wahrscheinlichkeitsverteilungen (vgl. z. B. [1], [4]) und ermöglicht beispielsweise bei der Herleitung von Berechnungsformeln eine Vereinfachung, wenn dort etwa für

$k = 0$ die nicht in der Menge $\{0; 1; \ldots; n\}$ liegenden Zahl $k - 1$ betrachtet werden muss. Mit der Definition von $F_{n;p}$ gemäß Satz 1.16 lässt sich die in solchen Fällen notwendige Fallunterscheidung umgehen.

g) Alternativ kann man die Menge $\{0; 1; \ldots; n\}$ als Definitionsbereich von $F_{n;p}$ ansetzen, was einerseits bei der (theoretischen) Arbeit mit der so definierten Funktion zusätzliche Argumentationen erfordern kann, andererseits ausreichend ist, da wir in (nichttheoretischen) Anwendungen tatsächlich in der Regel nur die Funktionswerte $F_{n;p}(k)$ für $k \in \{0; 1; \ldots; n\}$ benötigen.

h) In einigen (Schul-) Lehrbüchern wird die Funktion $F_{n;p}$ als Wahrscheinlichkeitsfunktion einer eigenen Wahrscheinlichkeitsverteilung interpretiert, nämlich der sogenannten *kumulierten Binomialverteilung*. Dabei bedeutet *kumuliert*, dass der Funktionswert $F_{n;p}(k)$ durch *fortlaufendes Summieren* von $B_{n;p}(z)$ für $z = 0, 1, \ldots, k$ erhalten wird.

i) Bei der grafischen Darstellung der Treppenfunktion $F_{n;p}$ hebt man in geeigneter Weise die Punkte $\left(k \mid F_{n;p}(k)\right)$ für $k \in \{0; 1; \ldots; n\}$ im Koordinatensystem deutlich hervor, während man in den Intervallen $(k; k+1)$ lediglich eine dünne Linie verwendet. Bei einer Argumentation gemäß g) macht es Sinn, dabei tatsächlich nur die Menge $\{0; 1; \ldots; n\}$ als Definitionsbereich von $F_{n;p}$ zu nutzen. Vor diesem Hintergrund ist eine grafische Darstellung von $F_{n;p}$ als Stabdiagramm eine Alternative. Beide Darstellungen sind für $n = 5$ und $p = \frac{2}{3}$ in Abb. 10 gegenübergestellt. ○

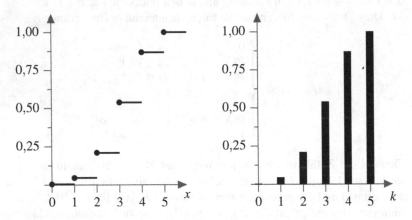

Abb. 10: Zwei verschiedene grafische Darstellungen der Verteilungsfunktion $F_{5;\frac{2}{3}}$

Unter anderem auf Basis der in Bemerkung 1.17 genannten Eigenschaften lassen sich Formeln zur Berechnung der Wahrscheinlichkeiten von Ereignissen herleiten, bei denen die Zufallsvariable X in einem Intervall liegt. Hier eine kleine Auswahl:[4]

Folgerung 1.18. Seien $n \in \mathbb{N}$, $p \in [0; 1]$ und $k, k_1, k_2 \in \{0; 1; \ldots; n\}$ gegeben. Dann gilt:

a) $P(X < k) = F_{n;p}(k-1)$

b) $P(X \geq k) = 1 - F_{n;p}(k-1)$

c) $P(X > k) = 1 - F_{n;p}(k)$

d) $P(k_1 \leq X \leq k_2) = F_{n;p}(k_2) - F_{n;p}(k_1 - 1)$

e) $P(k_1 < X \leq k_2) = F_{n;p}(k_2) - F_{n;p}(k_1)$

f) $P(k_1 \leq X < k_2) = F_{n;p}(k_2 - 1) - F_{n;p}(k_1 - 1)$

Beispiel 1.19. Die Anwendung von Folgerung 1.18 soll am Beispiel der Binomialverteilung mit den Parametern $n = 5$ und $p = \frac{2}{3}$ demonstriert werden. Die Funktionswerte der Verteilungsfunktion $F_{5;\frac{2}{3}}$ ergeben sich durch fortlaufendes Aufsummieren der Funktionswerte der Wahrscheinlichkeitsfunktion $B_{5;\frac{2}{3}}$ (siehe Abb. 6) und sind in der rechts notierten Tabelle zusammengefasst, mit deren Hilfe wir gemäß Folgerung 1.18 die folgenden Wahrscheinlichkeiten berechnen:

k	$F_{5;\frac{2}{3}}(k)$
0	$\frac{1}{243}$
1	$\frac{11}{243}$
2	$\frac{51}{243}$
3	$\frac{131}{243}$
4	$\frac{211}{243}$
5	1

a) $P(X < 3) = F_{5;\frac{2}{3}}(2) = \frac{51}{243}$

b) $P(X \geq 3) = 1 - F_{5;\frac{2}{3}}(2) = 1 - \frac{51}{243} = \frac{192}{243}$

c) $P(X > 3) = 1 - F_{5;\frac{2}{3}}(3) = 1 - \frac{131}{243} = \frac{112}{243}$

d) $P(2 \leq X \leq 4) = F_{5;\frac{2}{3}}(4) - F_{5;\frac{2}{3}}(1) = \frac{211}{243} - \frac{11}{243} = \frac{200}{243}$

e) $P(1 < X \leq 4) = F_{5;\frac{2}{3}}(4) - F_{5;\frac{2}{3}}(1) = \frac{211}{243} - \frac{11}{243} = \frac{200}{243}$

f) $P(1 \leq X < 4) = F_{5;\frac{2}{3}}(3) - F_{5;\frac{2}{3}}(0) = \frac{131}{243} - \frac{1}{243} = \frac{130}{243}$ ◄

---

[4] Dabei wird auch deutlich, warum es tatsächlich hilfreich ist, für $F_{n;p}$ statt der naheliegenden Menge $\{0; 1; \ldots; n\}$ den Definitionsbereich $\mathbb{R}$ anzusetzen. Ohne diesen „Trick" müsste man z. B. in Folgerung 1.18 a) und b) $k \neq 0$ fordern oder $P(X \geq 0) = 1$ gesondert notieren.

1.3 Wahrscheinlichkeitstabellen

Die Berechnung der Funktionswerte $B_{n;p}(k)$ mit der Formel von Bernoulli wird mit wachsendem n immer mühsamer. Außerdem ist die Verwendung eines (Taschen-) Rechners nicht immer sinnvoll oder in Prüfungen sogar verboten. Eine Alternative zur fehleranfälligen Rechnung ist die Verwendung von Wahrscheinlichkeitstabellen, in denen zu ausgewählten Werten n, p und k die (gerundeten) Funktionswerte $B_{n,p}(k)$ zu finden sind. In diesem Abschnitt soll die Nutzung solcher Tabellen erläutert werden.

Dazu betrachten wir beispielhaft den folgenden Ausschnitt einer solchen Tabelle, wo die Funktionswerte der Wahrscheinlichkeitsfunktionen $B_{5;p}$ für ausgewählte Trefferwahrscheinlichkeiten p notiert sind:

n	k	$p=0{,}02$	$0{,}03$	$0{,}04$	$0{,}05$	$0{,}10$	$\frac{1}{6}$	$0{,}20$	$0{,}30$	$\frac{1}{3}$	$0{,}40$	$0{,}50$		
5	0	0,9039	8587	8154	7738	5905	4019	3277	1681	1317	0778	0313	5	
	1		0922	1328	1699	2036	3281	4019	4096	3601	3292	2592	1563	4
	2		0038	0082	0142	0214	0729	1608	2048	3087	3292	3456	3125	3
	3			0003	0006	0011	0081	0322	0512	1323	1646	2304	3125	2
	4					0005	0032	0064	0284	0412	0768	1563	1
	5						0001	0003	0024	0041	0102	0313	0	5
		$p=0{,}98$	$0{,}97$	$0{,}96$	$0{,}95$	$0{,}90$	$\frac{5}{6}$	$0{,}80$	$0{,}70$	$\frac{2}{3}$	$0{,}60$	$0{,}50$	k	n

Die ersten beiden Spalten zusammen mit der ersten Zeile bezeichnen wir nachfolgend als *weiße Eingangsseite*, die folglich den Trefferwahrscheinlichkeiten $p \in (0; 0{,}5]$ zugeordnet ist. Die letzten beiden Spalten zusammen mit der letzten Zeile für $p \in [0{,}5; 1)$ bezeichnen wir dagegen als *graue Eingangsseite*.[5] Mit Ausnahme eines Feldes sind im Inneren der Tabelle von den Wahrscheinlichkeiten $B_{n;p}(k)$ lediglich die ersten vier Nachkommastellen notiert und das ist ausreichend, denn vor dem Komma steht ohnehin nur eine Null. Sofort fallen die scheinbar leeren Tabellenfelder auf, die jedoch in Wahrheit nicht leer sind und alle die Zahl 0 als Näherungswert enthalten, die man aus Gründen der Übersichtlichkeit nicht mit in die Tabellen aufnimmt.

Wir demonstrieren jetzt das Ablesen des Funktionswerts $B_{5;p}(k)$ für $p = 0{,}2$ und $k = 3$. Dazu stellen wir zunächst fest, dass $p < 0{,}5$ gilt. Folglich müssen

---

[5] Wobei die Hintergrundfarbe nicht immer grau sein muss, auch rot ist verbreitet.

wir die weiße Eingangsseite zum Auffinden nutzen und dabei durch zwei „Eingangstüren" gleichzeitig gehen.[6] Einerseits suchen wir in der zweiten Spalte die gewünschte Trefferanzahl $k = 3$ auf und ziehen gedanklich eine zum horizontalen Seitenrand parallele Linie nach rechts. Andererseits suchen wir in der ersten Zeile die gewünschte Trefferwahrscheinlichkeit $p = 0{,}2$ und ziehen gedanklich eine zum vertikalen Seitenrand parallele Linie nach unten. Der Schnittpunkt beider Linien zeigt auf die gesuchte Wahrscheinlichkeit. In der nachfolgenden Tabelle ist die anschaulich beschriebene Vorgehensweise durch eine hellgraue Hintergrundfarbe verdeutlicht und wir lesen schließlich $B_{5;0,2}(3) \approx 0{,}0512$ ab.

n	k	$p=0{,}02$	0,03	0,04	0,05	0,10	$\frac{1}{6}$	0,20	0,30	$\frac{1}{3}$	0,40	0,50		
5	0	0,9039	8587	8154	7738	5905	4019	3277	1681	1317	0778	0313	5	
	1	0922	1328	1699	2036	3281	4019	4096	3601	3292	2592	1563	4	
	2	0038	0082	0142	0214	0729	1608	2048	3087	3292	3456	3125	3	
	3		0003	0006	0011	0081	0322	0512	1323	1646	2304	3125	2	
	4					0005	0032	0064	0284	0412	0768	1563	1	
	5						0001	0003	0024	0041	0102	0313	0	5
		$p=0{,}98$	0,97	0,96	0,95	0,90	$\frac{5}{6}$	0,80	0,70	$\frac{2}{3}$	0,60	0,50	k	n

Zum Ablesen des Funktionswerts $B_{5;p}(k)$ für $p = 0{,}6$ und $k = 4$ benutzen wir wegen $p > 0{,}5$ die graue Eingangsseite als Ausgangspunkt. In der vorletzten Spalte suchen wir die gewünschte Trefferanzahl $k = 4$ auf und ziehen gedanklich eine zum horizontalen Seitenrand parallele Linie nach links. Außerdem suchen wir in der letzten Zeile die gewünschte Trefferwahrscheinlichkeit $p = 0{,}6$ und ziehen gedanklich eine zum vertikalen Seitenrand parallele Linie nach oben. Im rechts notierten Fragment der Tabelle ist diese Vorgehensweise durch eine hellgraue Hintergrundfarbe verdeutlicht und am Schnittpunkt der beiden genannten Linien lesen wir $B_{5;0,6}(4) \approx 0{,}2592$ ab.

0,30	$\frac{1}{3}$	0,40	0,50		
,81	1317	0778	0313	5	
3601	3292	2592	1563	4	
7	3292	3456	3125	3	
1323	1646	2304	3125	2	
284	0412	0768	1563	1	
24	0041	0102	0313	0	5
70	$\frac{2}{3}$	0,60	0,50	k	n

---

[6] Größere Tabellen sind für verschiedene $n \in \mathbb{N}$ in jeweils einen Block unterteilt, sodass man dort zuerst den Block zu $n = 5$ aufsuchen muss (siehe z. B. Anhang A). Da wir hier nur genau diesen Block betrachten, entfällt dieser Schritt natürlich.

Auch zu den Funktionswerten der Verteilungsfunktionen $F_{n;p}$ gibt es Wahrscheinlichkeitstabellen, die analog zu den $B_{n;p}$-Tabellen aufgebaut sind. Allerdings gibt es bei ihrer Verwendung eine Besonderheit zu beachten, deren Missachtung schnell zu Fehlern führen kann. Den Umgang mit den $F_{n;p}$-Tabellen demonstrieren wir beispielhaft am folgenden Ausschnitt einer solchen Tabelle, wo die Funktionswerte der Verteilungsfunktion $F_{5;p}$ für ausgewählte Trefferwahrscheinlichkeiten p notiert sind:

n	k	$p=0,02$	0,03	0,04	0,05	0,10	$\frac{1}{6}$	0,20	0,30	$\frac{1}{3}$	0,40	0,50		
5	0	0,9039	8587	8154	7738	5905	4019	3277	1681	1317	0778	0313	4	
	1	9962	9915	9852	9774	9185	8038	7373	5282	4609	3370	1875	3	
	2	9999	9997	9994	9988	9914	9645	9421	8369	7901	6826	5000	2	
	3					9995	9967	9933	9692	9547	9130	8125	1	
	4					9999	9997	9976	9959	9898	9688	0	5
		$p=0,98$	0,97	0,96	0,95	0,90	$\frac{5}{6}$	0,80	0,70	$\frac{2}{3}$	0,60	0,50	k	n

Die Frage, warum es keine Zeilen für $k = n = 5$ gibt, ist schnell beantwortet, denn solche Zeilen sind wegen $F_{n;p}(n) = 1$ überflüssig, siehe Bemerkung 1.17 b). Weiter fallen auch hier die scheinbar leeren Tabellenfelder auf, die in Wahrheit alle die Zahl 1 als Näherungswert enthalten.

Das Ablesen von Funktionswerten $F_{n;p}(k)$ für $p \leq 0,5$ auf der weißen Eingangsseite erfolgt analog zu den $B_{n;p}$-Tabellen. Beispielsweise zur Ermittlung des Funktionswerts $F_{5;p}(k)$ für $p = \frac{1}{6}$ und $k = 3$ gehen wir also so vor, wie

n	k	$p=0,02$	0,03	0,04	0,05	0,10	$\frac{1}{6}$	0,
5	0	0,9039	8587	8154	7738	5905	4019	3
	1	9962	9915	9852	9774	9185	8038	73
	2	9999	9997	9994	9988	9914	9645	94
	3					9995	9967	9
	4					9999	999
		$p=0,98$	0,97	0,96	0,95	0,90	$\frac{5}{6}$	0,

dies im links zu sehenden Tabellenausschnitt durch den hellgrauen Hintergrund verdeutlicht wird. Damit lesen wir $F_{5;\frac{1}{6}}(3) \approx 0,9967$ ab.

Für $p \geq 0,5$ (graue Eingangsseite) stellen die Tabellenwerte jedoch *nicht* die Wahrscheinlichkeit $P(X \leq k) = F_{n;p}(k)$ dar! Die für $p \geq 0,5$ über die graue Eingangsseite abgelesenen Werte sind genauer die Wahrscheinlichkeit dafür, dass mindestens $k+1$ Treffer erhalten werden. Das ist äquivalent dazu, dass höchstens $n-k-1$ Nieten gezogen werden. Die Zufallsvariable für die Anzahl der Nieten ist binomialverteilt mit der Trefferwahrscheinlichkeit $1-p$ (für das „Treffen" einer Niete) und es gilt:

$$F_{n;p}(k) = P(\text{Trefferanzahl} \le k) = 1 - P(\text{Trefferanzahl} \ge k+1)$$
$$= 1 - P(\text{Nietenanzahl} \le n-(k+1)) = 1 - F_{n;1-p}(n-k-1)$$

Hieraus folgt:

$$P(\text{Trefferanzahl} \ge k+1) = F_{n;1-p}(n-k-1)$$

Die Wahrscheinlichkeit $F_{n;1-p}(n-k-1)$ können wir dabei wegen $1-p \le 0,5$ ohne Rechnung alternativ von der weißen Eingangsseite ablesen. Wir demonstrieren das Ablesen des Zahlenwerts $F_{n;1-p}(n-k-1)$ und die Berechnung von $F_{n;p}(k)$ für $n=5$, $p=\frac{2}{3}$ und $k=3$. Dazu betrachten wir das rechts dargestellte Tabellenfragment und lesen darin gemäß der durch den hellgrauen Hintergrund ▨ bzw. alternativ mit der durch die hellgraue Hintergrund-

n	k	$p=0{,}02$	0,	0,30	$\frac{1}{3}$	0,40	0,50	
5	0	0,9039	8⁵	1681	1317	0778	0313	4
	1	9962	99,	5282	4609	3370	1875	3
	2	9999	99⁵	8369	7901	6826	5000	2
	3			9692	9547	9130	8125	1
	4			9976	9959	9898	9688	0	5
		$p=0{,}98$	0,	0,70	$\frac{2}{3}$	0,60	0,50	k	n

schraffur ▨ verdeutlichten Vorgehensweise zunächst die Wahrscheinlichkeit für $X \ge 4$ ab. Dies ergibt $P(X \ge 4) = F_{5;\frac{1}{3}}(1) \approx 0,4609$. Jetzt können wir wie oben beschrieben zum Gegenereignis $X \le 3$ übergehen und erhalten:

$$P(X \le 3) = F_{5;\frac{2}{3}}(3) = 1 - F_{5;\frac{1}{3}}(1) = 0,5391$$

Wem die korrekte Argumentationskette zur Ermittlung von Funktionswerten $F_{n;p}(k)$ für $p > 0,5$ zu wenig einprägsam ist, kann sich die damit verbundene Vorgehensweise mit der folgenden halbverbal formulierten Formel sicher besser merken, denn damit kann man zum Ablesen eines Werts aus der Wertetabelle teilweise die von den $B_{n;p}$-Tabellen bekannte Ablesestrategie auf der grauen Eingangsseite übernehmen:

$$P(X \le k) = F_{n;p}(k) = 1 - \text{„abgelesener Wert"}, \ p \ge 0,5$$

In den Anhängen A und B ist zu den Funktionen $B_{n;p}$ und $F_{n;p}$ eine kleine Auswahl von Wertetabellen für verschiedene Parameterwerte n notiert. Umfangreichere Wertetabellen zur Binomialverteilung findet man in älteren Tafelwerken und Lehrbüchern, leider eher seltener in neueren Werken.[7]

1.4 Berechnung mit dem Computer

Die Nutzung von Wahrscheinlichkeitstabellen wird durch den Einsatz von Computersoftware immer weiter aus dem Alltag verdrängt. Eine Ausnahme stellen heute lediglich Abschlussprüfungen zu Hochschulvorlesungen oder Abiturprüfungen dar, wenn sie ausdrücklich *ohne* Hightechtaschenrechner geschrieben werden müssen. Ansonsten greifen Lernende, Lehrende und Anwender zur Berechnung natürlich gern auf diverse Softwarepakete zu.

Dabei ist das im Hochschulbereich weit verbreitete kostenpflichtige MATLAB oder alternativ das kostenfreie GNU Octave besonders bequem. In beiden Softwarepaketen können die Funktionswerte $B_{n;p}(k)$ mit der Funktion `binopdf` und die Funktionswerte $F_{n;p}(k)$ mit der Funktion `binocdf` berechnet werden. Beim Funktionsaufruf werden die Werte für n, p und k jedoch nicht nach der in Lehrbüchern weit verbreiteten Notationsreihenfolge $(n;p;k)$ übergeben, sondern an erster Stelle der Parameterliste steht die Trefferanzahl k. Genauer lauten die Aufrufe `binopdf(k,n,p)` bzw. `binocdf(k,n,p)`.

Die im Funktionsnamen `binopdf` enthaltene Buchstabenfolge `pdf` steht als Abkürzung für den englischen Begriff *Probability Density Function* zum deutschen Wort *Wahrscheinlichkeitsdichtefunktion*.[8] Im Funktionsnamen `binocdf` steht die Buchstabenfolge `cdf` als Abkürzung für *Cumulative Distribution Function*, auf Deutsch entsprechend *kumulierte Verteilungsfunktion*. Die Abkürzungen PDF und CDF sind weit verbreitet und deshalb lohnt es sich, in den Dokumentationen zu anderen Softwareprodukten und in Beschreibungen

---

[7] Es mag verlockend sein, die Nutzung von Wertetabellen im digitalen Zeitalter als überflüssig anzusehen. Die ständige Verfügbarkeit von Computern ist allerdings keine Selbstverständlichkeit. Die Leser seien also dazu ermuntert, sich mit dem Anwenden von Mathematik „wie früher" auseinander zu setzen. Die Verwendung der Tabellen in den Anhängen A und B kann mit ausgewählten Übungsaufgaben in Abschnitt 4.1 trainiert werden.

[8] Der Begriff Dichtefunktion wird hauptsächlich für stetige Zufallsvariablen verwendet. Sie ist aber auch im Zusammenhang mit einer diskreten Zufallsvariable gerechtfertigt, wo man die Wahrscheinlichkeitsfunktion auch als *Zähldichte* bezeichnet (vgl. z. B. [11]).

zu CAS-Taschenrechnern[9] zur Berechnung der Funktionswerte $B_{n;p}(k)$ und $F_{n;p}(k)$ nach Funktionen Ausschau zu halten, in deren Namen diese Buchstabenfolgen in geeigneter Weise auftreten. Dabei muss es jedoch nicht zwangsläufig genau eine Funktion geben, mit der die gewünschte Rechnung durchgeführt werden kann, d. h., es kann die gleichzeitige Anwendung mehrerer Funktionen erforderlich sein. Im Zweifel gibt es natürlich immer die Möglichkeit, auf die Formel von Bernoulli zurückzugreifen.

1.5 Erwartungswert und Varianz

Der Erwartungswert $\mathbb{E}(X)$ einer diskreten Zufallsvariable X ergibt sich definitionsgemäß als Summe der Produkte, die aus jedem möglichen Wert x_i von X und seiner Eintrittswahrscheinlichkeit $P(X = x_i)$ gebildet werden. Für eine mit den Parametern $n \in \mathbb{N}$ und $p \in [0; 1]$ binomialverteilte Zufallsvariable X bedeutet dies:

$$\mathbb{E}(X) = \sum_{k=0}^{n} k \cdot P(X = k)$$

$$= \sum_{k=1}^{n} k \cdot P(X = k)$$

$$= \sum_{k=1}^{n} k \cdot \binom{n}{k} \cdot p^k \cdot (1-p)^{n-k}$$

$$= \sum_{k=1}^{n} k \cdot \frac{n}{k} \cdot \binom{n-1}{k-1} \cdot p \cdot p^{k-1} \cdot (1-p)^{n-k}$$

$$= np \cdot \sum_{k=1}^{n} \binom{n-1}{k-1} \cdot p^{k-1} \cdot (1-p)^{n-k}$$

$$= np \cdot \sum_{k=0}^{n-1} \binom{n-1}{k} \cdot p^k \cdot (1-p)^{n-k-1}$$

$$= np \cdot \underbrace{\sum_{k=0}^{n-1} B_{n-1;p}(k)}_{=1} = np$$

---

[9] CAS steht abkürzend für Computer-Algebra-System.

Die Varianz $\text{Var}(X)$ lässt sich mit dem Verschiebungssatz (siehe z. B. [1]) berechnen:

$$\text{Var}(X) = \sum_{k=0}^{n} \left(k - \mathbb{E}(X)\right)^2 \cdot P(X = k)$$

$$= \sum_{k=0}^{n} k^2 \cdot P(X = k) - \left(\mathbb{E}(X)\right)^2 = np(1-p)$$

Zur Begründung des letzten Gleichheitszeichens sind natürlich einige Umformungen erforderlich, die hier nicht vorgeführt werden sollen. Wir fassen zusammen:

Satz 1.20. Eine mit den Parametern $n \in \mathbb{N}$ und $p \in [0; 1]$ binomialverteilte Zufallsvariable X hat den Erwartungswert $\mathbb{E}(X) = np$ und die Varianz $\text{Var}(X) = np(1-p)$.

Beispiel 1.21. Ein Drahtwerk stellt an einem Automaten eine Schraubensorte her, wobei die Ausschussquote höchstens 2 % beträgt. Im Rahmen der Qualitätssicherung sind für diese Fertigunsglinie unter anderem die folgenden Fragen von Interesse:

a) Mit wie vielen Ausschussstücken muss man rechnen, wenn der laufenden Produktion 100 Schrauben entnommen werden?
b) Bei einer Produktionsserie wurden 50 fehlerhafte Schrauben festgestellt. Wie viele fehlerfreie Stücke enthielt die Produktion näherungsweise?

Zur Beantwortung der Fragen stellen wir zunächst fest, dass der Ausschuss einer binomialverteilten Zufallsvariable X mit den Parametern $n \in \mathbb{N}$ und $p = 0{,}02 = \frac{1}{50}$ genügt, die eine als Ausschuss interpretierte Schraube als „Treffer" zählt und die fehlerfreien Erzeugnisse als „Niete". Die Beantwortung von Frage a) läuft demnach auf die Berechnung des Erwartungswerts von X hinaus und das bedeutet, dass bei der Entnahme von $n = 100$ Schrauben mit $\mathbb{E}(X) = np = 100 \cdot 0{,}02 = 2$ fehlerhaften Exemplaren zu rechnen ist. Bei b) geht es zunächst um die Bestimmung des Parameters $n \in \mathbb{N}$, wobei der Erwartungswert eine wichtige Rolle spielt. Aus $\mathbb{E}(X) = 50 = np$ folgt $n = \frac{50}{p} = 2500$, d. h., es wurden etwa 2500 Schrauben produziert. Davon waren $2500 - \mathbb{E}(X) = 2450$ fehlerfrei. ◄

1.6 Approximation durch die Normalverteilung

Nicht zu jedem beliebigen $n \in \mathbb{N}$ gibt es Tabellen zu den Funktionswerten $B_{n;p}(k)$ und $F_{n;p}(k)$. Auch bei der Berechnung von Binomialkoeffizienten mit dem Computer sind mit wachsender Länge $n \in \mathbb{N}$ der Bernoulli-Kette schnell Grenzen erreicht. Für große n ist jedoch die Berechnung von Näherungswerten für $B_{n;p}(k)$ und $F_{n;p}(k)$ mithilfe der Standardnormalverteilung möglich.

Um den Nutzen der Standardnormalverteilung besser verstehen zu können, stellen wir die Funktion $B_{n;p}$ nicht als Stabdiagramm, sondern als Histogramm dar. Dieses erhalten wir durch gleichmäßige Ausdehnung der Breite der Stäbe aus dem Stabdiagramm auf eine Längeneinheit. Dies führt zu jedem $k \in \{0; 1; \ldots; n\}$ zwischen den Punkten $(k|0)$ und $(k|B_{n;p}(k))$ zu einer Säule mit der Höhe $B_{n;p}(k)$ und der Breite eins, wobei der Fußpunkt $(k|0)$ genau in der Mitte des Säulenfußes liegt. Für alle k hat die entsprechende Säule demnach den Flächeninhalt $B_{n;p}(k)$.

Aus Abschnitt 1.2 folgt, dass mit wachsendem n die Anzahl der Säulen wächst und das Histogramm breiter und flacher wird. Dass ist klar, denn der Erwartungswert $\mathbb{E}(X) = np$ und die Varianz $\mathrm{Var}(X) = np(1-p)$ werden mit wachsendem n ebenfalls größer. Die unterschiedliche Gestalt der Histogramme und die Lage des Erwartungswerts erschweren es, zur Approximation der Funktionswerte $B_{n;p}(k)$ und $F_{n;p}(k)$ eine geeignete Funktion φ zu finden, die von n und p unabhängig ist.

Das genannte Problem lässt sich mit einem Standardisierungsprozess lösen, bei dem mithilfe einer geeigneten Koordinatentransformation die Histogramme zu $B_{n;p}$ eine relativ einheitliche Form und Lage erhalten, sodass sie sich außerdem beim Grenzübergang $n \to \infty$ einer von n und p unabhängigen Funktion φ annähern. Die Standardisierung der Histogramme gelingt mit Bezug zu der $B_{n;p}$-verteilten Zufallsvariable X in drei Schritten:

- **Schritt 1:** Durch den Übergang von X zur Zufallsvariable $Y := X - \mathbb{E}(X)$ wird der Erwartungswert auf 0 verschoben.

- **Schritt 2:** Mit dem Übergang auf die Zufallsvariable

$$Z := \frac{X - \mathbb{E}(X)}{\sqrt{\mathrm{Var}(X)}} = \frac{X - np}{\sqrt{np(1-p)}}$$

wird die Standardabweichung auf 1 normiert. Damit wird sichergestellt, dass der „wesentliche" Teil des Histogramms unabhängig von n näherungsweise die gleiche Breite hat. Durch diesen Schritt verändert sich die Breite der Histogrammsäulen von 1 auf $\frac{1}{\sqrt{\text{Var}(X)}}$.

- **Schritt 3:** Durch Multiplikation der Säulenhöhen mit $\sqrt{\text{Var}(X)}$ wird sichergestellt, dass die k-te Säule auch in ihrer standardisierten Form den Flächeninhalt $B_{n;p}(k)$ hat.

Die Verschiebung des Histogramms durch den Standardisierungsprozess ist in den Abb. 11 und 12 beispielhaft dargestellt, wobei über das standardisierte Histogramm zusätzlich der Graph der Funktion $\varphi : \mathbb{R} \to \mathbb{R}_{>0}$ mit

$$\varphi(x) = \frac{1}{\sqrt{2\pi}} \cdot \exp\left(-\frac{x^2}{2}\right)$$

gezeichnet wurde, sodass sich der Sinn und Zweck des Übergangs auf die Zufallsvariable Z anschaulich verdeutlicht.

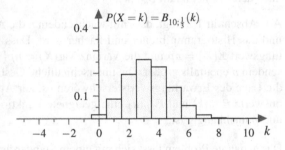

Die Funktion φ, die auch als Gaußsche Glockenkurve bezeichnet wird, ist die Wahrscheinlichkeitsdichtefunktion der (Standard-) Normalverteilung mit dem Erwartungswert $\mu = 0$ und der Varianz $\sigma^2 = 1$. Der Standardisierungsprozess einer binomialverteilten Zufallsvariable X zeigt, dass X annähernd normalverteilt ist. Genauer kann man zeigen (siehe z. B. [4]), dass die zur standardisierten Zufallsvariable Z zugehörige

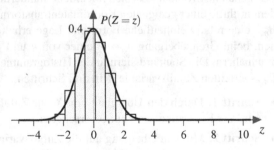

Abb. 11: Histogramm für die Wahrscheinlichkeitsfunktion $B_{10;\frac{1}{3}}$ (oben) und zugehöriges standardisiertes Histogramm mit dem Graph der Funktion φ (unten)

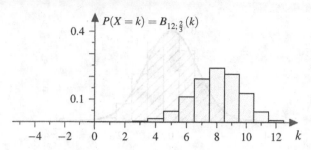

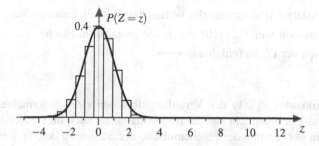

Abb. 12: Histogramm für die Wahrscheinlichkeitsfunktion $B_{12;\frac{2}{3}}$ (oben) und zugehöriges standardisiertes Histogramm mit dem Graph der Funktion φ (unten)

Wahrscheinlichkeitsfunktion $B^*_{n;p}$ mit $B^*_{n;p}\left(\dfrac{k-np}{\sqrt{np(1-p)}}\right) := B_{n;p}(k)$ für $n \to \infty$ gegen die Dichtefunktion φ der Standardnormalverteilung konvergiert. Daraus folgt unter Berücksichtigung von Schritt 3 des Standardisierungsprozesses eine erste Näherungsformel:

> **Satz 1.22.** Für hinreichend große $n \in \mathbb{N}$ kann die Wahrscheinlichkeitsfunktion $B_{n;p}$ einer mit den Parametern n und $p \in [0;1]$ binomialverteilten Zufallsvariable X durch die Dichtefunktion der Normalverteilung angenähert werden. Genauer gilt:
>
> $$P(X = k) = B_{n;p}(k) \approx \frac{1}{\sqrt{np(1-p)}} \cdot \varphi\left(\frac{k-np}{\sqrt{np(1-p)}}\right), \ k \in \{0;1;\dots;n\}$$

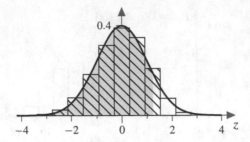

Abb. 13: Der Funktionswert $F_{12;\frac{2}{3}}(10)$ als schraffierte Fläche ⟍⟍ im standardisierten Histogramm der Wahrscheinlichkeitsfunktion $B_{12;\frac{2}{3}}$ und Approximation von $F_{12;\frac{2}{3}}(10)$ durch die ausgefüllte Fläche ▬ unter dem Graph der Dichtefunktion φ ——

Der Funktionswert $F_{n;p}(k)$ der Verteilungsfunktion einer binomialverteilten Zufallsvariable X entspricht sowohl im normalen als auch im standardisierten Histogramm der Summe der Flächeninhalte der Säulen zu den Trefferanzahlen $0, 1, \ldots, k$ (siehe Abb. 13). Diese Fläche kann durch die Fläche unter der Funktion φ approximiert werden, die sich von $t \to -\infty$ bis $t = \frac{k-np}{\sqrt{np(1-p)}}$ erstreckt (siehe Abb. 13). Zur Approximation von $F_{n;p}(k)$ können wir folglich die Verteilungsfunktion $\Phi : \mathbb{R} \to \mathbb{R}_{\geq 0}$ der Standardnormalverteilung mit

$$\Phi(x) = \int_{-\infty}^{x} \varphi(t)\, dt$$

verwenden. Das führt auf die folgende Näherungsformel:

Satz 1.23. Für hinreichend große $n \in \mathbb{N}$ kann die Verteilungsfunktion $F_{n;p}$ einer mit den Parametern n und $p \in [0;1]$ binomialverteilten Zufallsvariable X durch die Verteilungsfunktion der Normalverteilung angenähert werden. Genauer gilt die <u>Näherungsformel von Moivre-Laplace</u>:

$$P(X \leq k) = F_{n;p}(k) \approx \Phi\left(\frac{k-np}{\sqrt{np(1-p)}}\right), \quad k \in \{0; 1; \ldots; n\}$$

Für sehr große $n \in \mathbb{N}$ ist die Breite der Säulen im standardisierten Histogramm sehr klein und strebt für $n \to \infty$ gegen null. Deshalb wird die Näherungsformel von Moivre-Laplace gemäß Satz 1.23 für große n sehr gute Näherungswerte für $F_{n;p}$ liefern. Für kleinere n ergibt sich jedoch zwangsläufig ein nicht zu unterschätzender Approximationsfehler. Das wird in Abb. 13 bei der Approximation von $F_{12;\frac{2}{3}}(10)$ deutlich, wobei besonders die Säule für $k = 10$ auffällt, deren Fläche nur unzureichend durch die Approximation überdeckt wird. Die Säule für $k = 10$ erstreckt sich über das Intervall

$$\left[\frac{k - np - 0{,}5}{\sqrt{np(1-p)}} \; ; \; \frac{k - np + 0{,}5}{\sqrt{np(1-p)}} \right],$$

bei der Integration der Dichtefunktion φ wird davon lediglich das Teilintervall

$$\left[\frac{k - np - 0{,}5}{\sqrt{np(1-p)}} \; ; \; \frac{k - np}{\sqrt{np(1-p)}} \right]$$

berücksichtigt. Auf diese Weise bleibt also ein Teil der Fläche der k-ten Säule von vornherein unberücksichtigt.

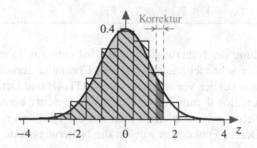

Abb. 14: Korrektur ▦ der Approximation aus Abb. 13 durch Vergrößerung der oberen Integrationsgrenze

Einen besseren Näherungswert für kleinere n erhält man, wenn bei der Integration von φ nicht $\frac{k-np}{\sqrt{np(1-p)}}$, sondern $\frac{k-np+0{,}5}{\sqrt{np(1-p)}}$ als obere Integrationsgrenze verwendet wird (siehe dazu Abb. 14). Auf diese Weise wird über die gesamte Breite der k-ten Säule im Histogramm integriert. Mit dieser sogenannten *Stetigkeitskorrektur* ergibt sich die folgende Variante der Näherungsformel von

Moivre-Laplace, mit der man nach [4] bereits brauchbare Näherungswerte erhält, falls die Faustregel

$$np(1-p) > 9 \tag{1.24}$$

erfüllt ist.

Satz 1.25. Für hinreichend große $n \in \mathbb{N}$ gilt:

$$P(X \leq k) = F_{n;p}(k) \approx \Phi\left(\frac{k - np + 0{,}5}{\sqrt{np(1-p)}}\right), \ k \subset \{0;1;\ldots;n\}$$

Auf Basis dieses Satzes kann man für diverse Wahrscheinlichenkeiten Näherungsformeln herleiten, wie zum Beispiel die folgende Formel.

Folgerung 1.26. Für hinreichend große $n \in \mathbb{N}$ und $k_1, k_2 \in \{0;1;\ldots;n\}$ mit $k_1 \leq k_2$ gilt:

$$P(k_1 \leq X \leq k_2) \approx \Phi\left(\frac{k_2 - np + 0{,}5}{\sqrt{np(1-p)}}\right) - \Phi\left(\frac{k_1 - np - 0{,}5}{\sqrt{np(1-p)}}\right)$$

Für $k_1 = k_2$ gilt $P(k_1 \leq X \leq k_1) = P(X = k_1)$.

Bei der Anwendung der Näherungsformeln wird man auf Tabellen der Normalverteilung oder sehr viel häufiger auf den Computer zurückgreifen. Beispielsweise können bei der Verwendung von MATLAB und Octave die Werte der Verteilungsfunktion Φ mithilfe der Funktion `normcdf` berechnet werden, die Werte der Dichtefunktion φ erhält man mit der Funktion `normpdf`. Mit den genannten Octave-Funktionen wurden die Näherungswerte im folgenden Beispiel berechnet.

Beispiel 1.27. Die Seiten eines Würfels seien folgendermaßen bedruckt: Auf drei Seiten steht eine Eins, auf zwei Seiten eine Zwei und auf einer Seite eine Drei. Der Würfel wird 2400-mal geworfen.

a) Gesucht ist die Wahrscheinlichkeit dafür, dass genau 1210 Einsen geworfen werden. Mit der Näherungsformel aus Satz 1.23 berechnen wir mit $p = \frac{3}{6} = \frac{1}{2}$, $np = 1200$ und $\sqrt{np(1-p)} = \sqrt{600}$:

$$P(X = 1210) = B_{2400;\frac{1}{2}}(1210) \approx \frac{1}{\sqrt{600}} \cdot \varphi\left(\frac{10}{\sqrt{600}}\right) \approx 0{,}014985$$

Alternativ ergibt sich mit Folgerung 1.26 ein ebenso guter Näherungswert:

$$P(X = 1210) = B_{2400;\frac{1}{2}}(1210) \approx \Phi\left(\frac{10,5}{\sqrt{600}}\right) - \Phi\left(\frac{9,5}{\sqrt{600}}\right) \approx 0,014984$$

b) Gesucht ist die Wahrscheinlichkeit, dass zwischen 750 und 800 Zweien geworfen werden. Die Trefferwahrscheinlichkeit ist hierbei $p = \frac{2}{6} = \frac{1}{3}$ und die Anwendung der Näherungsformel aus Folgerung 1.26 mit $np = 800$ und $\sqrt{np(1-p)} = \frac{40}{\sqrt{3}}$ ergibt:

$$P(750 \leq X \leq 800) \approx \Phi\left(\frac{0,5 \cdot \sqrt{3}}{40}\right) - \Phi\left(\frac{-50,5 \cdot \sqrt{3}}{40}\right) \approx 0,49425$$

c) Gesucht ist die Wahrscheinlichkeit, dass höchstens 365 Dreien geworfen werden. Die Trefferwahrscheinlichkeit ist hierbei $p = \frac{1}{6}$ und die Anwendung der Näherungsformel aus Satz 1.23 mit $np = 400$ und $\sqrt{np(1-p)} = \frac{\sqrt{1000}}{\sqrt{3}}$ ergibt:

$$P(X \leq 365) \approx \Phi\left(\frac{-35 \cdot \sqrt{3}}{\sqrt{1000}}\right) \approx 0,027617$$

Die in Satz 1.25 berücksichtigte Korrektur der oberen Integrationsgrenze liefert:

$$P(X \leq 365) \approx \Phi\left(\frac{-34,5 \cdot \sqrt{3}}{\sqrt{1000}}\right) \approx 0,029403 \qquad \blacktriangleleft$$

Streng genommen ist die Anwendung der obigen Näherungsformeln nicht erforderlich, wenn ein Softwarepaket Funktionen für die Binomialverteilung bereitstellt. In diesem Fall ist davon auszugehen, dass bei solchen Funktionen mit geeigneten Näherungsformeln gearbeitet wird, wenn n und k gewisse Größen annehmen. Dass dies jedoch nicht Eins zu Eins die Näherungen gemäß den vorgenannten Sätzen 1.23 bis 1.26 sein müssen, wird aus den folgenden Ergebnissen und im Vergleich zu Beispiel 1.27 deutlich.

Beispiel 1.28. Mit den Octave-Funktionen `binopdf` und `binocdf` berechnen wir zum Vergleich die Wahrscheinlichkeiten aus Beispiel 1.27 erneut. Das ergibt:

a) $P(X = 1210) = B_{2400;\frac{1}{2}}(1210) \approx 0,014983$

b) $P(750 \leq X \leq 800) = F_{2400;\frac{1}{3}}(800) - F_{2400;\frac{1}{3}}(749) \approx 0,49556$

c) $P(X \leq 365) = F_{2400;\frac{1}{6}}(365) \approx 0,02832 \qquad \blacktriangleleft$

Die Approximation der Binomialverteilung durch die Standardnormalverteilung ermöglicht außerdem eine relativ bequeme Bestimmung von Trefferanzahlen k, zu der eine mit den Parametern n und p binomialverteilte Zufallsvariable X eine vorgegebene Wahrscheinlichkeit $P(X \leq k)$ erfüllt.

Beispiel 1.29. Bei einem Hersteller von Computerzubehör sind 400 Mitarbeiter in der Produktion beschäftigt. Die Lieferzusagen an die Kunden lassen sich nur dann einhalten, wenn an allen 400 Arbeitsplätzen gleichzeitig gearbeitet wird. Durch den auf konstant 5 % angestiegenen Krankenstand lässt sich die reibungslose Produktion jedoch nicht mehr garantieren, sodass sich die Geschäftsführung zur Einrichtung einer Reservegruppe entschlossen hat, deren Mitglieder bei Personalmangel einspringen. Dazu muss die Mindestanzahl k der Reservemitarbeiter berechnet werden, mit denen zukünftig mit mindestens 99 % Sicherheit alle Arbeitsplätze besetzt werden können. Dies ist äquivalent dazu, dass zur Aufrechterhaltung der Produktion höchstens k Mitarbeiter des angestammten Produktionspersonals krank werden dürfen. Die Zufallsvariable X für die Anzahl der erkrankten Mitarbeiter ist binomialverteilt mit den Parametern $n = 400$ und $p = 0{,}05$. Eine Approximation von $P(X \leq k)$ durch die Standardnormalverteilung ist wegen $np(1 - p) = 19 > 9$ möglich. Mithilfe einer Wertetabelle zur Standardnormalverteilung wird deutlich, dass $\Phi(z) \approx 0{,}99$ für $z \approx 2{,}33$ gilt.[10,11] Folglich gilt $P(X \leq k) \approx \Phi(z) \geq 0{,}99$ für $z \geq 2{,}33$. Das bedeutet gemäß Satz 1.23:

$$z = \frac{k - np}{\sqrt{np(1-p)}} = \frac{k-20}{\sqrt{19}} \geq 2{,}33 \quad \Leftrightarrow \quad k \geq 2{,}33 \cdot \sqrt{19} + 20 \approx 30{,}16$$

Alternativ kann Satz 1.25 angewendet werden:

$$z = \frac{k - np + 0{,}5}{\sqrt{np(1-p)}} = \frac{k - 19{,}5}{\sqrt{19}} \geq 2{,}33 \quad \Leftrightarrow \quad k \geq 2{,}33 \cdot \sqrt{19} + 19{,}5 \approx 29{,}66$$

Beide Rechnungen ergeben, dass die Produktion zu mindestens 99 % sichergestellt ist, wenn mindestens 30 Personen in Reserve gehalten werden. Zur Kontrolle berechnen wir zum Beispiel mithilfe der Octave-Funktion `binocdf` die Wahrscheinlichkeit $P(X \leq 30) = F_{400;0{,}05}(30) \approx 0{,}9886 \approx 0{,}99$.   ◄

---

[10] Häufig enthalten Wertetabellen zur Standardnormalverteilung die Argumente z der Verteilungsfunktion Φ mit zwei Nachkommastellen, in diesem Fall also $z = 2{,}33$. Dazu ist in den Tabellen der auf vier Nachkommastellen gerundete Funktionswert $\Phi(2{,}33) \approx 0{,}9901$ zu finden, der dem hier benötigten Wert 0,99 am nächsten kommt.

[11] Der Wert $z \approx 2{,}33$ kann alternativ zum Beispiel mit der MATLAB- bzw. Octave-Funktion `norminv` ermittelt werden. Damit ergibt sich `norminv(0.99) = 2.3263...` $\approx 2{,}33$.

Die hypergeometrische Verteilung 2

2.1 Definition, Erwartungswert und Varianz

Die zur Binomialverteilung führende Bernoulli-Kette aus $n \in \mathbb{N}$ sich exakt wiederholenden Bernoulli-Experimenten kann anschaulich als Urnenexperiment aufgefasst werden, bei dem eine gezogene Kugel gleich wieder in die Urne zurückgelegt wird. Damit wird sichergestellt, dass die Wahrscheinlichkeit, eine Kugel mit einer bestimmten Eigenschaft zu ziehen, bei jeder der n Ziehungen gleich ist.

Wir ändern jetzt den Ablauf des Experiments und legen jede gezogene Kugel nicht wieder in die Urne zurück. Jeder einzelne Zug ist dabei isoliert betrachtet ein Bernoulli-Experiment, wobei allerdings die Trefferwahrscheinlichkeit nicht mehr konstant ist, sondern sich nach *jedem* Zug verändert! Das ist klar, denn einerseits verringert sich die Anzahl der insgesamt in der Urne befindlichen Kugeln mit jedem Zug, andererseits kann sich die Anzahl der zu einem Treffer führenden Kugeln ebenfalls verändern.

Beispiel 2.1. Den Ablauf eines solchen Experiments ohne Zurücklegen hatten wir bereits in Beispiel 1.5 illustriert. Zur Erinnerung: Aus einer Urne mit anfänglich 6 weißen und 4 roten Kugeln wird dreimal eine Kugel *ohne Zurücklegen* entnommen. Wir interpretieren das Ergebnis „weiß" als Treffer und die Zufallsvariable X zählt die Anzahl der Treffer. Wir setzen dieses Beispiel jetzt fort, um dafür die Wahrscheinlichkeit $P(X = 2)$ mit dem in Abb. 15 dargestellten Wahrscheinlichkeitsbaum zu ermitteln, wobei der Buchstabe T wie üblich für einen Treffer (weiße Kugel) und N für eine Niete (rote Kugel) steht. An den entlang der Pfade notierten (und ggf. absichtlich nicht gekürzten) Wahrscheinlichkeiten für das Eintreten der Elementarereignisse T oder N lässt sich im Zähler ablesen, wie viele weiße und rote Kugeln sich nach jeder Ziehung noch in der Urne befinden, und am Nenner lässt sich die Gesamtanzahl der Kugeln in der Urne nach jeder Ziehung ablesen. Die Berechnung dieser Wahrscheinlichkeiten folgt dem Grundsatz, dass das Eintreten jedes Elementarereignisses gleichwahrscheinlich ist, d. h., nach der Abzählregel (Laplace-Experiment) gilt

$$P(T) = \frac{\text{Anzahl der weißen Kugeln in der Urne}}{\text{Anzahl aller Kugeln in der Urne}}$$

bzw.

$$P(N) = \frac{\text{Anzahl der roten Kugeln in der Urne}}{\text{Anzahl aller Kugeln in der Urne}}.$$

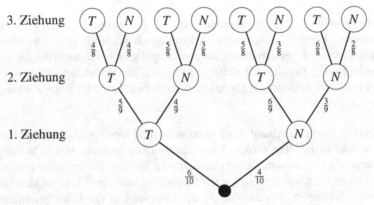

Abb. 15: Wahrscheinlichkeitsbaum für das Ziehen von weißen (T) oder roten Kugeln (N) beim dreimaligen Ziehen ohne Zurücklegen

Zur Berechnung der Wahrscheinlichkeit $P(X = 2)$ für genau zwei Treffer bestimmen wir in Abb. 15 die Pfade, auf denen dieses Ereignis eintritt. Dies sind die drei Pfade TTN, TNT und NTT mit den Pfadwahrscheinlichkeiten

$$P(TTN) = \tfrac{6}{10} \cdot \tfrac{5}{9} \cdot \tfrac{4}{8}, \; P(TNT) = \tfrac{6}{10} \cdot \tfrac{4}{9} \cdot \tfrac{5}{8} \text{ und } P(NTT) = \tfrac{4}{10} \cdot \tfrac{6}{9} \cdot \tfrac{5}{8}.$$

Ein Umordnen der Faktoren im Zähler und Nenner zeigt, dass

$$P(TTN) = P(TNT) = P(NTT) = \tfrac{4 \cdot 5 \cdot 6}{8 \cdot 9 \cdot 10} = \tfrac{1}{6}$$

gilt, d. h., die Wahrscheinlichkeit aller Pfade mit $k = 2$ Treffern und $n - k = 1$ Nieten ist gleich und unabhängig von der Reihenfolge, in der Treffer und Nieten auftreten. Weiter berechnen wir

$$P(X=2) = P(TTN) + P(TNT) + P(NTT) = 3 \cdot P(TTN) = \tfrac{1}{2}.$$

Da die Ereignisse TTN, TNT und NTT alle gleichwahrscheinlich sind, lässt sich die Wahrscheinlichkeit $P(X=2)$ alternativ nach der Laplace-Formel berechnen, denn zu dem Ereignis $X=2$ gehören genau drei verschiedene Pfade im Wahrscheinlichkeitsbaum und insgesamt hat der Baum 6 Pfade. Aus diesen Überlegungen folgt $P(X=2) = \tfrac{3}{6} = \tfrac{1}{2}$. ◄

Die Beobachtung, dass in Beispiel 2.1 die Wahrscheinlichkeit aller Pfade mit k Treffern und $n-k$ Nieten gleich und unabhängig von der Reihenfolge von Treffern und Nieten ist, lässt sich auf

- eine beliebige Anzahl $n \in \mathbb{N}$ von Ziehungen und
- eine beliebige Trefferanzahl $k \in \mathbb{N}$ mit $k \leq n$

verallgemeinern. Im Unterschied zur Bernoulli-Kette müssen wir zusätzlich beachten, wie viele Objekte es jeweils gibt, die zu Treffern bzw. Nieten führen können. Deshalb sei

- $N \in \mathbb{N}$ mit $n \leq N$ die Anzahl der zu Beginn des Experiments in der Urne insgesamt enthaltenen Kugeln und
- $M \in \mathbb{N}$ mit $M \leq N$ sei die Anzahl der Kugeln, die zu Beginn des Experiments zu einem Treffer führen können.

Mit Bezug zum anschaulichen Urnenmodell mit beispielsweise weißen und roten Kugeln gibt es also M weiße und $N-M$ rote Kugeln. Der zu diesem Experiment zugehörige Wahrscheinlichkeitsbaum hat $\binom{N}{n}$ verschiedene Pfade. Weiter gibt es $\binom{M}{k}$ Möglichkeiten, um aus den (gedanklich z. B. durchnummerierten und damit unterscheidbaren) M weißen Kugeln k Kugeln ohne Zurücklegen zu ziehen. Analog gibt es $\binom{N-M}{n-k}$ Möglichkeiten, um aus den (unterscheidbaren) $N-M$ roten Kugeln $n-k$ Kugeln ohne Zurücklegen zu ziehen. Zur Anordnung der k weißen und $n-k$ roten Kugeln gibt es $\binom{M}{k} \cdot \binom{N-M}{n-k}$ verschiedene Möglichkeiten, die alle mit der gleichen Wahrscheinlichkeit ausgewählt werden können. Folglich gilt:

$$P(X=k) = \frac{\text{Anzahl aller Pfade mit } k \text{ Treffern und } n-k \text{ Nieten}}{\text{Anzahl aller Pfade}} = \frac{\binom{M}{k} \cdot \binom{N-M}{n-k}}{\binom{N}{n}}$$

Durch diese Wahrscheinlichkeiten ist für alle $k \in \{0; 1; \ldots; n\}$ eine Wahrscheinlichkeitsverteilung festgelegt, die natürlich eine eigene Bezeichnung erhält.

Satz / Definition 2.2. Gegeben seien $N, M, n \in \mathbb{N}$ mit $n \leq N$ und $M \leq N$. Aus einer Urne mit M weißen und $N - M$ roten Kugeln werden nacheinander n Kugeln ohne Zurücklegen entnommen. Weiter zähle die Zufallsvariable X die Anzahl $k \in \{0; 1; 2; \ldots; n\}$ der dabei gezogenen weißen Kugeln (Treffer). Die Wahrscheinlichkeitsverteilung von X heißt <u>hypergeometrische Verteilung mit den Parametern N, M und n</u> und besitzt die Wahrscheinlichkeitsfunktion $H_{N;M;n} : \mathbb{R} \to [0; 1]$ mit:

$$H_{N;M;n}(k) := \begin{cases} \dfrac{\binom{M}{k} \cdot \binom{N-M}{n-k}}{\binom{N}{n}} & , k \in \{0; 1; 2; \ldots; n\} \\[2em] 0 & , \text{sonst} \end{cases}$$

Bemerkung 2.3.

a) Man sagt abkürzend, dass die Zufallsvariable X mit den Parametern N, M und n *hypergeometrisch verteilt* ist.

b) Es sei darauf verzichtet, für eine hypergeometrisch verteilte Zufallsvariable einen Satz für die (kumulierte) Verteilungsfunktion zu notieren. Wir halten lediglich fest:

$$P(X \leq k) = \sum_{z=0}^{k} H_{N;M;n}(z) \qquad \bigcirc$$

Die oben genannte Unterscheidbarkeit der weißen und roten Kugeln ist lediglich bei der Bestimmung der Anzahlen $\binom{M}{k}$ und $\binom{N-M}{n-k}$ von theoretischem Interesse und hilft salopp gesagt dabei, beim Zählen nicht den Überblick zu verlieren. So müssen wir aus Sicht der Kombinatorik intern begründen können, dass beispielsweise bei der Ziehung von zwei weißen Kugeln W_i aus der Menge $\{W_1, W_2, W_3\}$ die Anordnungen $W_1 W_2$ und $W_2 W_1$ gleichwertig sind (Kombination ohne Wiederholung). Für praktische Anwendungen ist diese rein formale Unterscheidbarkeit innerhalb der Menge der weißen bzw. roten Kugeln nicht wichtig. Dabei ist nur der Fakt interessant, dass es M weiße bzw. $N - M$ rote Kugeln gibt, die jeweils alle als gleich angesehen werden. Das wird in Anwendungen etwa aus dem Bereich der Qualitätskontrolle deutlich, wo die weißen Kugeln zum Beispiel als Synonym für fehlerhafte Produkte und die roten Kugeln für fehlerfreie Produkte stehen können. Dabei ist nicht wichtig, ob die M bzw. $N - M$ Produkte durch eine Farbe, eine Identifikationsnummer oder anderweitig unterscheidbar sind.

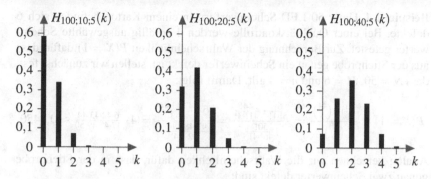

Abb. 16: Stabdiagramme der Funktionen $H_{100;M;5}$ für $M \in \{10; 20; 40\}$

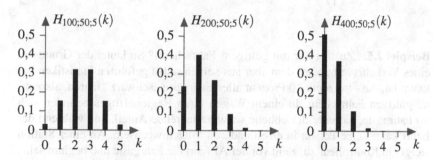

Abb. 17: Stabdiagramme der Funktionen $H_{N;50;5}$ für $N \in \{100; 200; 400\}$

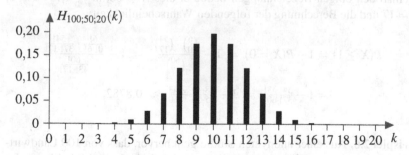

Abb. 18: Stabdiagramm der Funktion $H_{100;50;20}$

Beispiel 2.4. Unter 50 LED-Scheinwerfern in einem Karton befinden sich 6 defekte. Bei einer Qualitätskontrolle werden 4 zufällig ausgewählte Scheinwerfer getestet. Zur Berechnung der Wahrscheinlichkeit $P(X = 1)$ dafür, dass aus der Stichprobe genau ein Scheinwerfer defekt ist, stellen wir zunächst fest, dass $N = 50$, $M = 6$ und $n = 4$ gilt. Damit folgt:

$$P(X = 1) = \frac{\binom{6}{1} \cdot \binom{44}{3}}{\binom{50}{4}} = \frac{\frac{6!}{5! \cdot 1!} \cdot \frac{44!}{41! \cdot 3!}}{\frac{50!}{46! \cdot 4!}} = \frac{6 \cdot \frac{42 \cdot 43 \cdot 44}{2 \cdot 3}}{\frac{47 \cdot 48 \cdot 49 \cdot 50}{2 \cdot 3 \cdot 4}} = 4 \cdot \frac{6 \cdot 42 \cdot 43 \cdot 44}{47 \cdot 48 \cdot 49 \cdot 50} \approx 0,3450$$

Analog berechnen wir die Wahrscheinlichkeit dafür, dass in der Stichprobe genau zwei Scheinwerfer defekt sind:

$$P(X = 2) = \frac{\binom{6}{2} \cdot \binom{44}{2}}{\binom{50}{4}} = \frac{\frac{6!}{4! \cdot 2!} \cdot \frac{44!}{42! \cdot 2!}}{\frac{50!}{46! \cdot 4!}} = \frac{\frac{5 \cdot 6}{2} \cdot \frac{43 \cdot 44}{2}}{\frac{47 \cdot 48 \cdot 49 \cdot 50}{2 \cdot 3 \cdot 4}} = 6 \cdot \frac{5 \cdot 6 \cdot 43 \cdot 44}{47 \cdot 48 \cdot 49 \cdot 50} \approx 0,0616$$

◀

Beispiel 2.5. „Zustieg nur mit gültigem Fahrschein!" So lautet der Grundsatz eines Verkehrsverbundes, dem aber aus seinen selbst geführten Statistiken bekannt ist, dass trotzdem 10 Prozent aller Fahrgäste „schwarz" fahren, also ohne gültigen Fahrschein. In einem Wagen eines Regionalzuges befinden sich 60 Fahrgäste, darunter der übliche schwarz fahrende Anteil, und während der Fahrt kann keine Person in einen anderen Wagen wechseln. An einer Station steigt ein Kontrolleur zu, zählt vor der Abfahrt die Fahrgäste und beginnt seine Arbeit nach der Abfahrt. Bis zum nächsten Halt schafft er erfahrungsgemäß die Kontrolle von durchschnittlich 17 Personen. Zuvor hat er sich die Wahrscheinlichkeit ausgerechnet, dabei mindestens einen Schwarzfahrer zu erwischen. Gemäß den obigen Bezeichnungen bedeutet dies $N = 60$, $M = 0,1 \cdot 60 = 6$, $n = 17$ und die Berechnung der folgenden Wahrscheinlichkeit:

$$P(X \geq 1) = 1 - P(X = 0) = 1 - \frac{\binom{6}{0} \cdot \binom{54}{17}}{\binom{60}{17}} = 1 - \frac{\frac{6!}{0! \cdot 6!} \cdot \frac{54!}{37! \cdot 17!}}{\frac{60!}{43! \cdot 17!}}$$

$$= 1 - \frac{54! \cdot 43!}{37! \cdot 60!} = 1 - \frac{38 \cdot 39 \cdot \ldots \cdot 43}{55 \cdot 56 \cdot \ldots \cdot 60} \approx 0,8782$$

◀

Beispiel 2.6. Aus einer anonymen Studie geht hervor, dass von 100 Landwirtschaftsbetrieben nur 20 Betriebe biologisch und ökologisch nachhaltig produzieren, bisher aber nicht damit werben. Aufgrund allgemein gestiegener Produktionskosten haben sich 4 der 100 Betriebe zu einem Verbund zusammengeschlossen und vermarkten ihre „Bioprodukte" gemeinsam. Besorgte Verbraucherschützer berechnen die Wahrscheinlichkeit dafür, dass mindestens die Hälfte der 4 Unternehmen tatsächlich Biobetriebe sind. Das bedeutet $N = 100$, $M = 20$, $n = 4$ und ergibt:

$$P(X \geq 2) = P(X = 2) + P(X = 3) + P(X = 4)$$

$$= \frac{\binom{20}{2} \cdot \binom{80}{2}}{\binom{100}{4}} + \frac{\binom{20}{3} \cdot \binom{80}{1}}{\binom{100}{4}} + \frac{\binom{20}{4} \cdot \binom{80}{0}}{\binom{100}{4}}$$

$$\approx 0{,}1531 + 0{,}0233 + 0{,}0012 = 0{,}1776$$

Alternativ kann zuerst

$$P(X \leq 1) = P(X = 0) + P(X = 1) = \frac{\binom{20}{0} \cdot \binom{80}{4}}{\binom{100}{4}} + \frac{\binom{20}{1} \cdot \binom{80}{3}}{\binom{100}{4}}$$

$$\approx 0{,}4033 + 0{,}4191 = 0{,}8224$$

berechnet werden, woraus $P(X \geq 2) = 1 - P(X \leq 1) \approx 0{,}1776$ folgt. ◄

Die Formel gemäß Satz 2.2 enthält einige kleine Stolperfallen, die mit der Trefferanzahl k in Verbindung stehen.

- Die Formel lässt das Rechnen mit einer Trefferanzahl k zu, die größer als die Anzahl M der überhaupt als Treffer infrage kommenden Objekte sein kann. Da man mit Bezug zum Urnenmodell mit zum Beispiel $M = 3$ weißen Kugeln beim Ziehen ohne Zurücklegen nicht $k \geq 4$ Kugeln als Treffer verbuchen kann, hat das die Wahrscheinlichkeit $P(X = k) = 0$ zur Folge, falls $k > M$ gilt.

- Analoges gilt für die Anzahl der Nieten, von denen es höchstens $N - M$ geben kann. Folglich gilt $P(X = k) = 0$, falls $n - k > N - M$ gilt, woraus $k < n - (N - M)$ folgt.

Beides steht im Einklang mit der exakten Definition des Binomialkoeffizienten, wonach für $n, k \in \mathbb{N}_0$ Folgendes gilt:

$$\binom{n}{k} = \begin{cases} \dfrac{n!}{(n-k)! \cdot k!} & \text{, für } k \leq n \\[2ex] 0 & \text{, für } k > n \end{cases} \tag{2.7}$$

In der täglichen Praxis haben wir davon häufig nur den ersten Fall $k \leq n$ im Bewusstsein. Für die Arbeit mit der hypergeometrischen Verteilung benötigen wir ausdrücklich auch die Definition für den Fall $k > n$. Das bedeutet außerdem, dass wir bereits vorab die Trefferanzahlen k bestimmen können, zu denen die Wahrscheinlichkeiten $P(X = k)$ ungleich null bzw. gleich null sind.

Folgerung 2.8. Sei X eine mit den Parametern N, M und n hypergeometrisch verteilte Zufallsvariable. Dann gilt:

a) $P(X = k) = H_{N;M;n}(k) \neq 0$ für $\max\big(0; n - (N - M)\big) \leq k \leq \min(n; M)$.

b) $P(X = k) = H_{N;M;n}(k) = 0$ für $k > \min(n; M)$ und $0 \leq k < n - (N - M)$.

Für die Praxis muss man sich dies natürlich nicht exakt merken, sondern eher mit wachsamen Sinnen arbeiten.

Beispiel 2.9. Wir nehmen Bezug zu Beispiel 2.4. Bei der Frage nach der Wahrscheinlichkeit für $k = 7$ defekte Scheinwerfer folgt sofort und ohne Rechnung die Antwort $P(X = 7) = 0$, denn einerseits umfasst unsere Stichprobe nur $n = 4$ Scheinwerfer (d. h. $k > n$) und andererseits wissen wir, dass von 50 Scheinwerfern nur $M = 6$ defekt sind (d. h. $k > M$).   ◄

Die Berechnung von Erwartungswert und Varianz einer hypergeometrisch verteilten Zufallsvariable kann gemäß den bekannten Ansätzen erfolgen, d. h.

$$\mathbb{E}(X) = \sum_{k=0}^{n} k \cdot P(X = k) \quad \text{und} \quad \text{Var}(X) = \sum_{k=0}^{n} \big(k - \mathbb{E}(X)\big)^2 \cdot P(X = k) \,.$$

Die Rechnung selbst soll hier nicht vorgeführt werden. Statt dessen notieren wir nur die Endergebnisse, deren vollständiger Beweis zum Beispiel in [4] nachgelesen werden kann.

Satz 2.10. Eine mit den Parametern $M, N, n \in \mathbb{N}$ hypergeometrisch verteilte Zufallsvariable X hat den Erwartungswert

$$\mathbb{E}(X) = n \cdot \frac{M}{N}$$

und die Varianz

$$\text{Var}(X) = n \cdot \frac{M}{N} \cdot \left(1 - \frac{M}{N}\right) \cdot \frac{N - n}{N - 1} \,.$$

Beispiel 2.11. Beim Test von 12 Wasserpumpen wurde festgestellt, dass 4 davon fehlerhaft sind. Versehentlich gelangen die fehlerhaften Pumpen trotzdem in den Handel. Für jede verkaufte fehlerhafte Pumpe entsteht eine Garantieforderung. Von den 12 Pumpen erhält ein Händler 6 Stück, die er alle verkauft. Die Zufallsvariable X zählt die Anzahl der fehlerfreien Pumpen bei diesem Geschäft, sie ist hypergeometrisch verteilt mit den Parametern $N = 12$, $M = 8$ und $n = 6$. Es gilt $\mathbb{E}(X) = 6 \cdot \frac{8}{12} = 4$, woraus $n - \mathbb{E}(X) = 2$ folgt, d. h., der Händler hat bei zwei der verkauften Pumpen Garantieforderungen zu erwarten. ◄

Beispiel 2.12. Auf einer Kunstausstellung stehen 15 Gemälde zum Verkauf, wovon 9 Originale berühmter Maler sind, der Rest sind gut gemachte Kopien. Ein Händler kauft 5 zufällig ausgewählte Bilder. Die Zufallsvariable X zählt die Anzahl der Originale, sie ist hypergeometrisch verteilt mit den Parametern $N = 15$, $M = 9$ und $n = 5$. Der Händler berechnet mit

$$P(X \geq 3) = P(X = 3) + P(X = 4) + P(X = 5)$$

$$= \frac{\binom{9}{3} \cdot \binom{6}{2}}{\binom{15}{4}} + \frac{\binom{9}{4} \cdot \binom{6}{1}}{\binom{15}{4}} + \frac{\binom{9}{5} \cdot \binom{6}{0}}{\binom{15}{4}}$$

$$\approx 0{,}4196 + 0{,}2517 + 0{,}042 = 0{,}7133$$

die Wahrscheinlichkeit, dass er mindestens drei Originale gekauft hat. Jedes Original kann er mit einem Gewinn von 50 € weiter verkaufen. Beim Weiterverkauf einer Kopie macht er 30 € Verlust, was man auch als „Gewinn" von -30 € interpretieren kann. Der Gesamtgewinn kann demnach durch die Zufallsvariable

$$Y := 50 \cdot X - 30 \cdot (5 - X) = 80 \cdot X - 150$$

beschrieben werden. Der Händler möchte den zu erwartenden Gewinn abschätzen und berechnet dazu zunächst den Erwartungswert

$$\mathbb{E}(X) = n \cdot \frac{M}{N} = 5 \cdot \frac{9}{15} = 3,$$

d. h., bei seinem Zufallseinkauf konnte er im Mittel auf drei Originale hoffen. Damit kann er einen Gewinn von

$$\mathbb{E}(Y) = 80 \cdot \mathbb{E}(X) - 150 = 80 \cdot 3 - 150 = 90 €$$

beim Weiterverkauf der Bilder erwarten. ◄

2.2 Berechnungspraxis

Die einzelne Berechnung der Fakultäten

$$\binom{M}{k}, \quad \binom{N-M}{n-k} \quad \text{und} \quad \binom{N}{n}$$

ist nicht nur aufwändig, sondern für größere Werte der Parameter N, M und n
auch nicht sinnvoll, denn Taschenrechner und Computer stoßen mit dem Erreichen der größten auf dem Rechner darstellbaren positiven reellen Zahl schnell
an ihre Grenzen. Eine Vereinfachung der Berechnungsformel aus Satz 2.2
scheint zweckmäßig und Beispiel 2.1 lässt vermuten, dass dies tatsächlich
möglich ist. Die Anwendung der Definition der Binomialkoeffizienten und der
Definition der Fakultät sowie das Kürzen in den Brüchen lässt sich nicht nur
mit konkreten Zahlenwerten durchführen, sondern auch mit den Variablen N,
M, n und k. Zwecks Übersichtlichkeit formen wir die drei Binomialkoeffizienten zunächst einzeln um:

$$\binom{M}{k} = \frac{M!}{(M-k)! \cdot k!} = \frac{(M-k+1) \cdot (M-k+2) \cdot \ldots \cdot (M-1) \cdot M}{k!}$$

$$= \frac{1}{k!} \cdot (M-(k-1)) \cdot (M-(k-2)) \cdot \ldots \cdot (M-1) \cdot (M-0)$$

Lassen wir eine Zählvariable z nacheinander die ganzen Zahlen von 0 bis $k-1$
durchlaufen, dann können wir das Produkt aus k Faktoren mithilfe des Produktzeichens kompakter schreiben:

$$\binom{M}{k} = \frac{1}{k!} \cdot \prod_{z=0}^{k-1}(M-z)$$

Analog gehen wir für die beiden anderen Fakultäten vor, d. h.

$$\binom{N-M}{n-k} = \frac{(N-M)!}{(N-M-(n-k))! \cdot (n-k)!} = \frac{1}{(n-k)!} \cdot \prod_{i=0}^{n-k-1}(N-M-i)$$

und

$$\binom{N}{n} = \frac{N!}{(N-n)! \cdot n!} = \frac{1}{n!} \cdot \prod_{j=0}^{n-1}(N-j).$$

Damit ergibt sich weiter:

$$\frac{\binom{M}{k} \cdot \binom{N-M}{n-k}}{\binom{N}{n}} = \frac{\frac{1}{k!} \cdot \prod_{z=0}^{k-1}(M-z) \cdot \frac{1}{(n-k)!} \cdot \prod_{i=0}^{n-k-1}(N-M-i)}{\frac{1}{n!} \cdot \prod_{j=0}^{n-1}(N-j)}$$

Die Faktoren $\frac{1}{k!}$, $\frac{1}{(n-k)!}$ und $\frac{1}{n!}$ können wir zu einem Faktor zusammenfassen. Das ergibt:

$$\frac{n!}{(n-k)! \cdot k!} = \binom{n}{k}$$

Insgesamt erhalten wir damit die folgende alternative Berechnungsformel:

Satz 2.13. Sei X eine mit den Parametern N, M und n hypergeometrisch verteilte Zufallsvariable. Für $\max\big(0; n-(N-M)\big) \le k \le \min(n; M)$ gilt:

$$P(X=k) = H_{N;M;n}(k) = \binom{n}{k} \cdot \frac{\prod_{z=0}^{k-1}(M-z) \cdot \prod_{i=0}^{n-k-1}(N-M-i)}{\prod_{j=0}^{n-1}(N-j)}$$

Diese „vereinfachte" Formel wirkt wegen der vielen Variablen und Produktzeichen auf den ersten Blick alles andere als „einfach". Die praktische Anwendung wird mit einer verbalen Übersetzung gemäß dem folgenden Rezept in vier Schritten verständlicher:

- **Schritt 1:** Berechne das Produkt aller ganzen Zahlen von $M-k+1$ bis M.

- **Schritt 2:** Multipliziere zum Ergebnis aus Schritt 1 das Produkt aller ganzen Zahlen von $N-M-n+k+1$ bis $N-M$.

- **Schritt 3:** Dividiere das Ergebnis aus Schritt 2 durch das Produkt aller ganzen Zahlen von $N-n+1$ bis N.

- **Schritt 4:** Multipliziere den Binomialkoeffizienten $\binom{n}{k}$ zum Ergebnis aus Schritt 3.

Im nachfolgenden Beispiel werden zum besseren Verständnis die vier Schritte zusätzlich durch die gleiche Graustufung hervorgehoben, mit der sie eben notiert wurden.

Beispiel 2.14. Eine Gärtnerei züchtet Apfelbäume der Sorte „Vitaminbombe". Aufrund eines Gendefekts ist vorab bekannt, dass 15 Prozent aller gezüchteten Bäume keine Früchte tragen. Auf einer für den Verkauf vorgesehenen Wiese stehen 80 Bäume. Ein Obstbauer kauft davon 20 Exemplare und fragt sich, mit welcher Wahrscheinlichkeit unter seinen Bäumen ebenfalls 15 Prozent fruchtlose Exemplare sind.

Die hypergeometrisch verteilte Zufallsvariable X zähle die Anzahl der fruchtlosen Bäume. Zur Berechnung der Wahrscheinlichkeit $P(X = 5)$ erkennen wir zunächst die Parameterwerte

- $N = 80$,
- $M = 0,15 \cdot N = 12$,
- $n = 20$ und
- $k = 0,15 \cdot 20 = 3$.

Für die Anwendung von Satz 2.13 berechnen wir vorbereitend

- $M - k + 1 = 10$,   (zu Schritt 1)
- $N - M - n + k + 1 = 52$,   (zu Schritt 2)
- $N - M = 68$,   (zu Schritt 2)
- $N - n + 1 = 61$ und   (zu Schritt 3)
- $\binom{n}{k} = \frac{20!}{17! \cdot 3!} = \frac{18 \cdot 19 \cdot 20}{2 \cdot 3} = 1140$.   (zu Schritt 4)

Damit ergibt sich gemäß der obigen Anleitung:

$$P(X = 5) = 1140 \cdot \frac{\overbrace{10 \cdot 11 \cdot 12}^{\text{Schritt 1}} \cdot \overbrace{52 \cdot 53 \cdot 54 \cdot \ldots \cdot 66 \cdot 67 \cdot 68}^{\text{Schritt 2}}}{\underbrace{61 \cdot 62 \cdot 63 \cdot \ldots \cdot 78 \cdot 79 \cdot 80}_{\text{Schritt 3}}} \approx 0,27973$$

(Schritt 4)

Die Berechnung aller Produkte gelingt (ggf. nach Kürzen von einzelnen Faktoren) bereits mit einem einfachen (Schul-) Taschenrechner (auch älterer Bauart ohne CAS). Bei der Nutzung von Satz 2.2 mit einer direkten Berechnung der Fakultäten versagen einige Taschenrechner spätestens bei dem Versuch der Berechnung von 80! ihren Dienst.   ◄

Man beachte, dass die Anwendung von Satz 2.13 zwingend mit der Überprüfung verbunden ist, ob die Trefferanzahl $k \in \{0; 1; \ldots; n\}$ die in Folgerung 2.8 a) genannten Bedingungen erfüllt.

Die Definition und die Eigenschaften des Produktzeichens führen (anders als die exakte Definition 2.7 des Binomialkoeffizienten) nicht automatisch zu $P(X = k) = 0$, falls $k > \min(n; M)$ oder $0 \leq k < n - (N - M)$ gilt. Insbesondere ist bei der Verwendung von Satz 2.13 zu beachten, dass

$$\prod_{i=r}^{s} p(i) = 1$$

gilt, falls $r > s$ gilt, wobei $p(i)$ ein vom Index i abhängiger Ausdruck ist (z. B. $p(i) = M - i$). Das ist natürlich auch bei dem im Anschluss an Satz 2.13 formulierten Rezept zu beachten. Soll beispielsweise in Schritt 1 für $k = 0$ das Produkt aller ganzen Zahlen von $M - k + 1 = M + 1$ bis M berechnet werden, dann bedeutet dies, dass das Produkt gleich eins ist.

Für große Werte von N, M, n und k ist auch bei der Rechnung gemäß Satz 2.13 die Nutzung eines Computers zweckmäßig, denn mit einem (einfachen) Taschenrechner kann man leicht mindestens einen Faktor übersehen, während selbst einfachere (Mathe-) Programme in der Regel eine Funktion zur Berechnung von Produkten aufeinander folgender ganzer Zahlen anbieten. Allerdings ist auch dabei nicht garantiert, dass alle erforderlichen Produkte berechnet werden können, die schnell an die Grenzen der auf einem Rechner darstellbaren Zahlen stoßen können.

Alternativ lässt sich für die hypergeometrische Verteilung eine Rekursionsformel herleiten, wozu die Definitionen der Binomialkoeffizienten und einige Umformungen erforderlich sind. Die Rechnung ist insgesamt relativ leicht durchzuführen, jedoch wegen der vier beteiligten Variablen N, M, n und k etwas unübersichtlich. Wir notieren deshalb hier aus Platzgründen nur das Ergebnis, die dahin führende Rechnung kann (nicht in allen Einzelheiten) zum Beispiel in [4] nachgelesen werden.

Satz 2.15. Die Zufallsvariable X sei mit den Parametern N, M und n hypergeometrisch verteilt. Für $\max\big(0; n - (N - M)\big) \leq k \leq \min(n; M)$ gilt:

$$P(X = k + 1) = \frac{(M - k) \cdot (n - k)}{(k + 1) \cdot (N - M - n + k + 1)} \cdot P(X = k)$$

Die Produkte $(M - k) \cdot (n - k)$ und $(k + 1) \cdot (N - M - n + k + 1)$ bleiben im Gegensatz zu den entsprechenden Fakultäten oder den Produkten in Satz 2.13 relativ „klein", sodass die Grenzen des Rechnens auf dem Computer mit für die Praxis „normalen" Parameterwerten N, M, n und k nicht erreicht werden. Damit ermöglicht die Rekursionsformel die Berechnung der Wahrscheinlichkeiten $P(X = k) = H_{N;M;n}(k)$ auf dem Computer bzw. Taschenrechner auch noch für Zahlenwerte, mit denen es bei den zuvor genannten Berechnungsformeln zu Problemen aufgrund eines Zahlenüberlaufs kommen kann.

Beispiel 2.16. Sei X eine mit den Parametern $N = 100$, $M = 60$ und $n = 30$ hypergeometrisch verteilte Zufallsvariable. Es sei angenommen, dass ein Taschenrechner bei der Berechnung der Wahrscheinlichkeiten $P(X = 21)$, $P(X = 22)$ und $P(X = 23)$ über die Formel gemäß Satz 2.2 und die Alternative gemäß Satz 2.13 seinen Dienst versagt. Dagegen sei die Berechnung von

$$P(X = 20) \approx 0{,}120973$$

mit einer der genannten Formeln problemlos gelungen. Mit der Rekursionsformel aus Satz 2.15 berechnen wir auf dem gleichen Taschenrechner weiter:

$$P(X = 21) = \frac{40 \cdot 10}{21 \cdot 31} \cdot P(X = 20) \approx \frac{400}{651} \cdot 0{,}120973 \approx 0{,}074331$$

$$P(X = 22) = \frac{39 \cdot 9}{22 \cdot 32} \cdot P(X = 21) \approx \frac{351}{704} \cdot 0{,}074331 \approx 0{,}037060$$

$$P(X = 23) = \frac{38 \cdot 8}{23 \cdot 33} \cdot P(X = 22) \approx \frac{304}{759} \cdot 0{,}037060 \approx 0{,}014844 \quad \blacktriangleleft$$

Anspruchsvollere Softwarepakte zur Lösung mathematischer Probleme bieten auch für die hypergeometrische Verteilung entsprechende Funktionen an. Unter MATLAB und Octave ist dies die Funktion `hygepdf`, mit der die Funktionswerte der Wahrscheinlichkeitsfunktion $H_{N;M;n}$ bequem berechnet werden können. Zur Berechnung der Wahrscheinlichkeiten $P(X \leq k)$ gibt es die Funktion `hygecdf`. Bei beiden Funktionen wird in der Liste der Eingangsparameter zuerst die Trefferanzahl k übergeben, dann folgen die restlichen Parameterwerte. Ein Funktionsaufruf lautet demnach `hygepdf(k,N,M,n)` bzw. `hygecdf(k,N,M,n)`.

2.3 Approximation durch die Binomialverteilung

Eine mit den Parametern $N, M, n \in \mathbb{N}$ hypergeometrisch verteilte Zufallsvariable X besitzt den gleichen Erwartungswert wie eine mit den Parametern n und $p = \frac{M}{N}$ binomialverteilte Zufallsvariable Y, d. h.

$$\mathbb{E}(X) = \mathbb{E}(Y) = n \cdot \frac{M}{N} \, .$$

Die Varianz beider Zufallsvariablen X und Y ist für $n > 1$ verschieden, insbesondere ist

$$\mathrm{Var}(X) = n \cdot p \cdot (1 - p) \cdot \frac{N-n}{N-1}$$

wegen

$$\frac{N-n}{N-1} < 1 \text{ für } n > 1$$

kleiner als $\mathrm{Var}(Y) = np(1 - p)$. Ist N sehr viel größer als n, dann gilt

$$\frac{N-n}{N-1} \approx 1$$

und folglich

$$\mathrm{Var}(X) \approx \mathrm{Var}(Y) \, ,$$

d. h., die Varianzen sind näherungsweise gleich groß.

Aus dem Vergleich der Erwartungswerte und Varianzen der Zufallsvariablen X und Y folgt, dass für *fest* gewählte Parameterwerte $p = \frac{M}{N}$ und n die Verteilungen von X und Y näherungsweise gleich sind. In Abb. 19 wird das für $p = 0{,}6$ und $n = 8$ demonstriert, wobei für $N \in \{10; 20; 200\}$ jeweils $M = p \cdot N$ gilt.

Allgemeiner konvergiert die hypergeometrische Verteilung unter den im folgenden Satz genannten Voraussetzungen gegen die Binomialverteilung:

Satz 2.17. Seien $p \in [0; 1]$ und $n \in \mathbb{N}$ fest gewählt. Für $N, M \in \mathbb{N}$ gelte $M < N$, $n < N$ und $p = \frac{M}{N}$. Dann gilt für $k \in \{0; 1; \ldots; n\}$:

$$\lim_{N \to \infty} H_{N;M;n}(k) = B_{n;p}(k)$$

Einen detaillierten Beweis des Konvergenzsatzes findet man zum Beispiel in [3], [4] und [6]. Eine praxisrelevante Konsequenz von Satz 2.17 ist die folgende Näherungsformel:

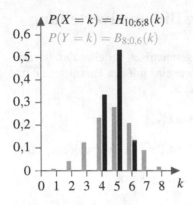

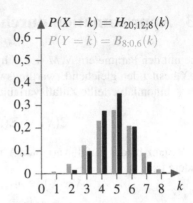

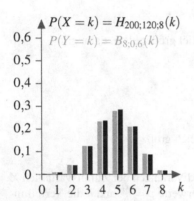

Abb. 19: Vergleich der Wahrscheinlichkeitsfunktion der Binomialverteilung mit den Parametern $n = 8$ und $p = 0,6$ mit den Wahrscheinlichkeitsfunktionen der hypergeometrischen Verteilung zu $n = 8$ und verschiedenen Parameterwerten M und N

Folgerung 2.18. Sei $n \in \mathbb{N}$ fest gewählt und für $N, M \in \mathbb{N}$ mit $N > n$ gelte $\frac{M}{N} \in [0; 1]$. Ist N hinreichend groß gewählt, dann gilt für $k \in \{0; 1; \ldots; n\}$:

$$H_{N;M;n}(k) \approx B_{n;\frac{M}{N}}(k)$$

Nach [3] ergibt diese Näherungsformel nicht nur für große N gute Näherungswerte für $H_{N;M;n}(k)$, sondern allgemeiner in einem der folgenden drei Fälle:

- k ist klein im Vergleich zu M.
- n ist klein im Vergleich zu N.
- $n - k$ ist klein im Vergleich zu $N - M$.

Für die Parameter n und N etwas konkreter wird z. B. [5], wonach gute Approximationsergebnisse zu erwarten sind, falls

$$\frac{n}{N} \le 0{,}05$$

gilt. Wie gut die Approximationen gemäß Folgerung 2.18 sind, demonstrieren wir beispielhaft mit den folgenden beiden Wertetabellen:

k	$H_{1000;300;10}(k)$	$B_{10;0,3}(k)$	k	$H_{1000;600;10}(k)$	$B_{10;0,6}(k)$
0	0,02770	0,02825	0	$9{,}8 \cdot 10^{-5}$	0,00010
1	0,12028	0,12106	1	0,00150	0,00157
2	0,23386	0,23347	2	0,01033	0,01062
3	0,26817	0,26683	3	0,04193	0,04247
4	0,20084	0,20012	4	0,11119	0,11148
5	0,10264	0,10292	5	0,20133	0,20066
6	0,03626	0,03676	6	0,25209	0,25082
7	0,00874	0,00900	7	0,21553	0,21499
8	0,00138	0,00145	8	0,12042	0,12093
9	0,00013	0,00014	9	0,03971	0,04031
10	$5{,}3 \cdot 10^{-6}$	$5{,}9 \cdot 10^{-6}$	10	0,00587	0,00605

Für $N = 1000$ und die im Vergleich dazu kleinen Werte für M und n unterscheiden sich die berechneten Wahrscheinlichkeiten frühestens in der dritten Nachkommastelle. Umgerechnet in Prozentwerte unterscheidet sich demnach frühestens die erste Nachkommastelle, d. h., der absolute Fehler bei diesen Beispielrechnungen ist kleiner als 0,1 Prozent. Da häufig nur mit ganzen Prozenten gerechnet oder argumentiert wird, kann man diesen Fehler ignorieren und mit den Näherungswerten der Binomialverteilung arbeiten.

In Abschnitt 1.6 wurde erläutert, dass die Binomialverteilung unter geeigneten Voraussetzungen durch die Normalverteilung approximiert werden kann. Folglich lässt sich auch die hypergeometrische Verteilung durch die Normalverteilung approximieren. Dies gelingt, wenn man in den in Abschnitt 1.6 genannten Näherungsformeln sowie in der Faustregel (1.24) den Erwartungswert np und die Varianz $np(1-p)$ der Binomialverteilung durch den Erwartungswert $n \cdot \frac{M}{N}$ und die Varianz $n \cdot \frac{M}{N} \cdot \left(1 - \frac{M}{N}\right) \cdot \frac{N-n}{N-1}$ der hypergeometrischen Verteilung ersetzt. Auf diese Weise ergibt sich zum Beispiel aus Satz 1.25 für beliebiges $k \in \{0; 1; \ldots; n\}$ die folgende Näherungsformel für eine mit den Parametern N, M und n hypergeometrisch verteilte Zufallsvariable X:

$$P(X \leq k) \approx \Phi \left(\frac{k - n \cdot \frac{M}{N} + 0,5}{\sqrt{n \cdot \frac{M}{N} \cdot \left(1 - \frac{M}{N}\right) \cdot \frac{N-n}{N-1}}} \right) \qquad (2.19)$$

Dabei ergeben sich gute Näherungen, falls Folgendes gilt:

$$\frac{n}{N} \leq 0,05 \quad \text{und} \quad n \cdot \frac{M}{N} \cdot \left(1 - \frac{M}{N}\right) \cdot \frac{N-n}{N-1} > 9 \qquad (2.20)$$

Da N sehr viel größer als n ist, gilt $\frac{N-n}{N-1} \approx 1$. Deshalb kann man in (2.19) und (2.20) die Varianz $n \cdot \frac{M}{N} \cdot \left(1 - \frac{M}{N}\right) \cdot \frac{N-n}{N-1}$ durch $n \cdot \frac{M}{N} \cdot \left(1 - \frac{M}{N}\right)$ ersetzen, was nur einen geringen Genauigkeitsverlust bedeutet.

Beispiel 2.21. Eine Gewerkschaft vertritt angestellte Handwerker und hat 6000 Mitglieder, 45 Prozent davon sind Quereinsteiger in einem Handwerksberuf. Zu einer Versammlung müssen 40 Mitglieder eingeladen werden, die zufällig per Los bestimmt werden. Wir berechnen die Wahrscheinlichkeit dafür, dass darunter höchstens 25 Quereinsteiger sind. Die Zufallsvariable X für die Anzahl der Quereinsteiger ist hypergeometrisch verteilt mit den Parametern $N = 6000$, $M = 0,45 \cdot N = 2700$ und $n = 40$. Wir berechnen zunächst exakt:

$$P(X \leq 25) = \sum_{k=0}^{25} \frac{\binom{2700}{k} \cdot \binom{3300}{40-k}}{\binom{6000}{k}} \approx 0,99158$$

Wegen $\frac{n}{N} \approx 0,0067 < 0,05$ ist eine Approximation durch die Binomialverteilung mit den Parametern $n = 40$ und $p = \frac{M}{N} = \frac{9}{20}$ möglich. Das ergibt:

$$P(X \leq 25) \approx \sum_{k=0}^{25} \binom{40}{k} \cdot p^k \cdot (1-p)^{40-k} \approx 0,99139$$

Wegen $\frac{n}{N} = 0,0067 < 0,05$ und $n \cdot \frac{M}{N} \cdot \left(1 - \frac{M}{N}\right) \cdot \frac{N-n}{N-1} \approx 9,8356 > 9$ ist alternativ eine Approximation mithilfe der Normalverteilung möglich. Durch Einsetzen von $N = 6000$, $N = 2700$, $n = 40$ und $k = 25$ in (2.19) ergibt sich:

$$P(X \leq 25) \approx \Phi \left(\frac{7,5}{\sqrt{9,8356}} \right) \approx 0,99161$$

Ersetzen wir in (2.19) $n \cdot \frac{M}{N} \cdot \left(1 - \frac{M}{N}\right) \cdot \frac{N-n}{N-1}$ durch $n \cdot \frac{M}{N} \cdot \left(1 - \frac{M}{N}\right) = 9,9$, dann erhalten wir die folgende ebenso brauchbare Näherung:

$$P(X \leq 25) \approx \Phi \left(\frac{7,5}{\sqrt{9,9}} \right) \approx 0,99143 \qquad \blacktriangleleft$$

3.1 Die geometrische Verteilung

In Kapitel 1 sind wir der Frage nachgegangen, wie groß die Wahrscheinlichkeit dafür ist, bei der n-fachen Wiederholung eines Bernoulli-Experiments $k \leq n$ Treffer zu erhalten. Die Wiederholung von Bernoulli-Experimenten kann auch zu einem Geduldsspiel werden, wenn sich bei relativ großer Wiederholungsanzahl $n \in \mathbb{N}$ einfach kein Treffer einstellen will. Ein Klassiker für eine solche Situation ist das *Mensch-ärgere-Dich-nicht*-Spiel, bei dem jeder Spieler auf das Würfeln der ersten Sechs wartet und dafür häufig mehrere Versuche benötigt. Ein weiteres bekanntes Beispiel ist das Glücksspiel *Lotto 6 aus 49*, bei dem ein Spieler beispielsweise (in der Regel vergeblich) auf den ersten Sechser wartet. In solchen Situationen geht es nicht um die Gesamtanzahl von Treffern, sondern um das *Warten auf den ersten Treffer*. Solche Probleme werden deshalb auch als <u>Wartezeitprobleme</u> bezeichnet.

Bei der Wiederholung von Bernoulli-Experimenten ist also nicht nur die Frage nach der Wahrscheinlichkeit für eine gewisse Anzahl von Treffern unter n Wiederholungen (Versuchen) von Interesse, sondern auch die Frage nach der Wahrscheinlichkeit, mit welcher der erste Treffer in der j-ten Wiederholung eintritt. Zur Beantwortung dieser Frage macht es Sinn, nicht von einer festen Anzahl $n \in \mathbb{N}$ von Wiederholungen (Versuchen) auszugehen, denn beispielsweise beim dreimaligen Würfeln muss nicht zwangsläufig ein Treffer auftreten. Dieser kann sich theoretisch auch erst beim vierten, 123-ten oder 10000-ten Versuch einstellen. Deshalb können wir bei Wartezeitproblemen davon ausgehen, dass die Versuchsanzahl n beliebig groß ist.

Die Zufallsvariable für das beschriebene Wartezeitproblem auf der Basis eines Bernoulli-Experiments mit der Trefferwahrscheinlichkeit $p \in [0; 1]$ sei mit X bezeichnet. Sie zählt die Anzahl der Versuche, die bis zum Eintreten eines Treffers erforderlich waren. Eine Gleichung der Gestalt $X = j$ bedeutet also, dass der erste Treffer im j-ten Versuch eintrat, wobei $j \in \mathbb{N}$ gilt.

© Der/die Autor(en), exklusiv lizenziert an
Springer-Verlag GmbH, DE, ein Teil von Springer Nature 2022
J. Kunath, *Binomialverteilung, (hyper)geometrische Verteilung, Poisson-Verteilung und Co.*, https://doi.org/10.1007/978-3-662-65670-9_4

Die Wahrscheinlichkeit $P(X = j)$ für den ersten Treffer im j-ten Versuch können wir mithilfe eines allgemeinen Wahrscheinlichkeitsbaums leicht herleiten, der sich grundsätzlich nicht von den Wahrscheinlichkeitsbäumen einer Bernoulli-Kette unterscheidet. Da durch einen Wahrscheinlichkeitsbaum *alle* möglichen Ereignisse unter j Versuchen erfasst werden und wir am ersten Treffer im j-ten Versuch interessiert sind, hat der Baum entsprechend j Stufen.

Beispiel 3.1. Für das Würfeln mit einem idealen Würfel und das damit verbundene Warten auf die erste Sechs können wir die Wahrscheinlichkeitsbäume aus den Beispielen des Abschnitts 1.1 wiederverwenden. Zur Berechnung der Wahrscheinlichkeit des Ereignisses $X = j$ müssen wir in den Bäumen alle Pfade aufsuchen, die mit $j - 1$ Nieten beginnen und mit einem Treffer enden. Anders als bei der Frage nach der Anzahl der insgesamt erhaltenen Sechsen ist beim Warten auf die erste Sechs der genaue Zeitpunkt ihres Auftretens entscheidend. Das bedeutet:

a) Für $j = 2$ betrachten wir den Baum in Abb. 2 auf Seite 13 und erkennen dort mit *NT genau einen* Pfad mit den oben genannten Eigenschaften. Entsprechend der Pfadregel ergibt sich:

$$P(X = 2) = \tfrac{5}{6} \cdot \tfrac{1}{6} = \tfrac{5}{36}$$

b) Für $j = 3$ betrachten wir den Baum in Abb. 3 auf Seite 14 und erkennen dort mit *NNT genau einen* Pfad mit den oben genannten Eigenschaften. Entsprechend der Pfadregel ergibt sich:

$$P(X = 3) = \tfrac{5}{6} \cdot \tfrac{5}{6} \cdot \tfrac{1}{6} = \left(\tfrac{5}{6}\right)^2 \cdot \tfrac{1}{6} = \tfrac{25}{216}$$

c) Für $j = 1$, d. h., es wird nur einmal gewürfelt, gilt $P(X = 1) = p = \tfrac{1}{6}$. ◄

Betrachten wir ein allgemeines Wartezeitproblem mit der Trefferwahrscheinlichkeit p, so ist $1 - p$ die Wahrscheinlichkeit für eine Niete. Zur Ermittlung der Wahrscheinlichkeit $P(X = 3)$ können wir den Wahrscheinlichkeitsbaum aus Abb. 4 auf Seite 15 nutzen und erkennen dort mit *NNT genau einen* Pfad, der mit zwei Nieten beginnt und mit einem Treffer endet. Gemäß der Pfadregel gilt:

$$P(X = 3) = (1 - p) \cdot (1 - p) \cdot p = (1 - p)^2 \cdot p$$

Ergänzen wir den Baum aus Abb. 4 um eine vierte Stufe, dann enthält der so konstruierte Wahrscheinlichkeitsbaum für eine beliebige Bernoulli-Kette der

Länge $j = 4$ mit *NNNT genau einen* Pfad, der mit drei Nieten beginnt und mit einem Treffer endet. Folglich gilt:

$$P(X = 4) = (1 - p) \cdot (1 - p) \cdot (1 - p) \cdot p = (1 - p)^3 \cdot p$$

Setzen wir den Baum um eine beliebige Stufenanzahl fort, dann finden wir im so erhaltenen Wahrscheinlichkeitsbaum einer Bernoulli-Kette der Länge $j \in \mathbb{N}$ *genau einen* Pfad der folgenden Gestalt:

$$\underbrace{NN \ldots NN}_{(j-1)\text{-mal}} T$$

Die Wahrscheinlichkeit dafür, den ersten Treffer genau im j-ten Versuch zu erhalten, ergibt sich auch hierbei nach der Pfadregel:

$$P(X = j) = (1 - p)^{j-1} \cdot p \tag{3.2}$$

Durch diese Wahrscheinlichkeiten ist eine Wahrscheinlichkeitsverteilung festgelegt, die natürlich eine eigene Bezeichnung erhält.

Satz / Definition 3.3. Ein Bernoulli-Experiment mit der Trefferwahrscheinlichkeit $p \in [0; 1]$ werde beliebig oft wiederholt. Weiter zähle die Zufallsvariable X die Anzahl der Versuche bis zum ersten Treffer, der in der j-ten Wiederholung des Bernoulli-Experiments auftrete. Die Wahrscheinlichkeitsverteilung von X heißt <u>geometrische Verteilung mit dem Parameter p</u> und besitzt die Wahrscheinlichkeitsfunktion $G_p : \mathbb{R} \to [0; 1]$ mit:

$$G_p(j) := \begin{cases} (1 - p)^{j-1} \cdot p & , \ j \in \mathbb{N} \\ 0 & , \ \text{sonst} \end{cases}$$

Bemerkung 3.4. Hinsichtlich der Definition wird in der Literatur nicht immer einheitlich vorgegangen. Während wir hier durch $X = j$ das Ereignis betrachten, dass der erste Treffer im j-ten Versuch eintritt, wird in einigen Lehrbüchern für das beschriebene Wartezeitproblem eine Zufallsvariable X^* eingeführt, welche die Anzahl der Nieten vor dem ersten Treffer zählt. Die Gleichung $X^* = i$ steht dann für das Ereignis, dass der erste Treffer im $(i + 1)$-ten Versuch auftritt und in den vorhergehenden i Versuchen ausschließlich Nieten erhalten werden. In diesem Fall muss die Berechnungsformel angepasst werden, d. h., es gilt:

$$P(X^* = i) = (1 - p)^i \cdot p , \ i \in \mathbb{N}_0$$

Im Sinne der Formel (3.2) bedeutet dies $j = i + 1$ und damit gilt:

$$P(X = j) = (1-p)^{j-1} \cdot p = (1-p)^{i+1-1} \cdot p = (1-p)^i \cdot p$$

Dieser kleine Unterschied hat natürlich Auswirkungen auf viele Rechnungen und Argumentationen. Fehler lassen sich nur durch aufmerksames Lesen und Mitdenken vermeiden.   ◯

Die Abb. 20 bis 22 zeigen die Wahrscheinlichkeitsfunktionen G_p von geometrisch verteilten Zufallsvariablen für drei verschiedene Parameterwerte $p \in [0; 1]$. Daraus erkennt man unter anderem, dass die Funktion G_p streng monoton fallend ist und in $j = 1$ ihr Maximum hat. Das bedeutet mit anderen Worten, dass unabhängig von der Trefferwahrscheinlichkeit p die Wahrscheinlichkeit $P(X = 1)$, also für einen Treffer im ersten Versuch, am größten ist. Das ist bemerkenswert und stimmt nicht unmittelbar mit den Erfahrungen überein, die wir etwa beim Würfeln im *Mensch-ärgere-Dich-nicht*-Spiel sammeln. Für $j = 2$ sieht dies anders aus, d. h., kein Treffer im ersten Versuch, den ersten Treffer gibt es beim zweiten Versuch. Dies stimmt schon eher mit unseren Erfahrungen überein, wonach viele Treffer in alltäglich wiederkehrenden Situationen in der Regel nicht auf Anhieb gelingen.

Unsere Erfahrungen besagen aber auch, dass wir bei vielen Wartezeitproblemen des Alltags nicht unendlich lange bis zu einem Treffer warten müssen. Auch dies spiegelt sich in der strengen Monotonie der Funktion G_p wieder, denn diese Eigenschaft bedeutet, dass die Wahrscheinlichkeit kleiner ist, den ersten Treffer bei einem späteren Versuch zu haben. Das ist klar, denn mit wachsender Versuchsanzahl wächst auch die Wahrscheinlichkeit dafür, bereits zuvor einen Treffer erhalten zu haben.

Der individuelle Erfahrungsschatz lässt sich mit der Beantwortung der Fragen verbinden, wann der erste Treffer auf lange Sicht und im Mittel bei vielen gleich aufgebauten Versuchen[1] auftritt, und wie die Anzahl der Versuche bis zum ersten Treffer um diesen Durchschnittswert schwankt. Das führt auf die Berechnung des Erwartungswerts und der Varianz, was mit dem allgemeinen Ansatz gemäß Definition 0.7 beginnt. Wir notieren hier nur die Ergebnisse dieser Rechnungen, die in der weiterführenden Literatur (z. B. [4], [7]) genauer nachvollzogen werden können.

---

[1] Das sind zum Beispiel 10000 *Mensch-ärgere-Dich-nicht*-Spiele, die alle gleich ablaufen und bei denen jeder Spieler stets auf die erste Sechs wartet.

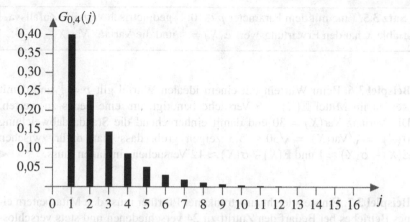

Abb. 20: Stabdiagramm der Wahrscheinlichkeitsfunktion $G_{0,4}$

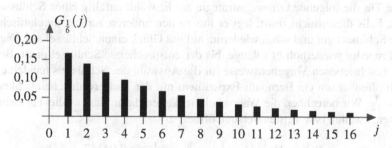

Abb. 21: Stabdiagramm der Wahrscheinlichkeitsfunktion $G_{\frac{1}{6}}$

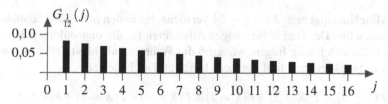

Abb. 22: Stabdiagramm der Wahrscheinlichkeitsfunktion $G_{\frac{1}{12}}$

> **Satz 3.5.** Eine mit dem Parameter $p \in (0;1]$ geometrisch verteilte Zufallsvariable X hat den Erwartungswert $\mathbb{E}(X) = \frac{1}{p}$ und die Varianz $\text{Var}(X) = \frac{1-p}{p^2}$.

Beispiel 3.6. Beim Würfeln mit einem idealen Würfel gilt $p = \frac{1}{6}$ und damit werden im Mittel $\mathbb{E}(X) = 6$ Versuche benötigt, um eine Sechs zu werfen. Die Varianz $\text{Var}(X) = 30$ und damit einhergehend die Standardabweichung $\sigma(X) = \sqrt{\text{Var}(X)} = \sqrt{30} \approx 5{,}5$ zeigen grob, dass man dafür zwischen $\mathbb{E}(X) - \sigma(X) \approx 1$ und $\mathbb{E}(X) + \sigma(X) \approx 12$ Versuchen einplanen muss. ◄

Beispiel 3.7. Ein stets leicht angetrunkener Pförtner muss den Mitarbeitern eines Betriebes bei Bedarf den Zutritt zu 24 verschiedenen und stets verschlossenen Türen ermöglichen. Zu jeder dieser Türen gibt es genau einen passenden Schlüssel. Aufgrund seiner nicht mehr ganz gut funktionierenden Sinne nimmt er zu jedem Einsatz alle Schlüssel in einem Schuhkarton mit und wendet für eine Tür die folgende Öffnungsstrategie an: Er wählt zufällig einen Schlüssel aus. Falls dieser nicht passt, legt er ihn zu den anderen zurück, durchmischt alle Schlüssel gut und wählt wiederum auf gut Glück einen Schlüssel aus. Diese Prozedur wiederholt er solange, bis der entsprechende Schlüssel passt. Bei der beschriebenen Vorgehensweise für die Auswahl des Schlüssels handelt es sich offenbar um ein Bernoulli-Experiment mit der Trefferwahrscheinlichkeit $p = \frac{1}{24}$. Wir berechnen die Wahrscheinlichkeiten dafür, dass er die Tür beim ersten, zweiten bzw. dritten Versuch öffnet:

$$P(X = 1) = \left(1 - \tfrac{1}{24}\right)^0 \cdot \tfrac{1}{24} = \tfrac{1}{24} \approx 0{,}04167$$
$$P(X = 2) = \left(1 - \tfrac{1}{24}\right)^1 \cdot \tfrac{1}{24} = \tfrac{23}{24^2} \approx 0{,}03993$$
$$P(X = 3) = \left(1 - \tfrac{1}{24}\right)^2 \cdot \tfrac{1}{24} = \tfrac{23^2}{24^3} \approx 0{,}03827$$

Im Mittel benötigt er $\mathbb{E}(X) = \frac{1}{p} = 24$ Versuche, bis er den passenden Schlüssel gefunden hat. Das sind keine rosigen Aussichten für die ungeduldigen Mitarbeiter, die sich häufig fragen, wie groß die Wahrscheinlichkeit dafür ist, dass der Pförtner *höchstens* fünf Versuche benötigt. Das bedeutet:

$$P(X \leq 5) = P(X = 1) + P(X = 2) + P(X = 3) + P(X = 4) + P(X = 5)$$
$$= \tfrac{1}{24} + \tfrac{23}{24^2} + \tfrac{23^2}{24^3} + \tfrac{23^3}{24^4} + \tfrac{23^4}{24^5} \approx 0{,}19168 \quad ◄$$

Die Rechnung für die Wahrscheinlichkeit, dass *höchstens* m Versuche benötigt werden, lässt sich vereinfachen, wenn man dazu die bekannte Formel für die m-te Partialsumme der geometrischen Reihe verwendet, d. h.:

$$\sum_{j=1}^{m} q^{j-1} = \frac{1-q^m}{1-q} \, , \quad q \in \mathbb{R} \setminus \{0; 1\}$$

Damit erhalten wir:

$$P(X \leq m) = \sum_{j=1}^{m} P(X = j) = \sum_{j=1}^{m} (1-p)^{j-1} \cdot p = p \cdot \sum_{j=1}^{m} (1-p)^{j-1}$$

$$= p \cdot \frac{1-(1-p)^m}{p} = 1 - (1-p)^m$$

Mit dieser Formel haben wir eine relativ einfache Gleichung für die Verteilungsfunktion einer geometrisch verteilten Zufallsvariable erhalten. Die hergeleitete Formel ermöglicht außerdem eine einfache Berechnung für die Wahrscheinlichkeit, dass *mindestens* m Versuche benötigt werden. Wir notieren dazu den folgenden Satz als Zusammenfassung:

Satz 3.8. Für eine mit dem Parameter $p \in (0; 1]$ geometrisch verteilte Zufallsvariable X und $m \in \mathbb{N}$ gilt:

a) $P(X \leq m) = 1 - (1-p)^m$

b) $P(X \geq m) = 1 - P(X \leq m-1) = (1-p)^{m-1}$

3.2 Die negative Binomialverteilung

Im vorhergehenden Abschnitt wurde die Fragestellung untersucht, wie groß die Wahrscheinlichkeit dafür ist, dass bei der j-ten Durchführung eines Bernoulli-Experiments der erste Treffer auftritt. Dies lässt sich auf die Frage verallgemeinern, wie groß die Wahrscheinlichkeit dafür ist, dass im j-ten Versuch der r-te Treffer auftritt. Genauer werden in den ersten $j-1$ Versuchen $r-1$ Treffer und entsprechend $j-r$ Nieten erhalten, und der j-te Versuch ergibt ebenfalls einen Treffer.

Die Zufallsvariable für das beschriebene Wartezeitproblem auf der Basis eines Bernoulli-Experiments mit der Trefferwahrscheinlichkeit $p \in [0; 1]$ sei mit X bezeichnet. In Analogie zu einer geometrisch verteilten Zufallsvariable müssen wir bei der Interpretation einer Gleichung der Gestalt $X = k$ vorsichtig sein. Wir können einerseits $k = r$ ansetzen, und dann bedeutet $X = r$, dass X die Anzahl der Treffer bis zum j-ten Versuch zählt. Andererseits ist es üblich $k = j - r$ anzusetzen, und dann bedeutet $X = j - r$, dass X die Anzahl der Nieten bis zum j-ten Versuch zählt. In beiden Fällen ist klar, dass im j-ten Versuch ein Treffer erhalten wird. Da beim Ansatz $X = j - r$ die Versuchsanzahl j und die Trefferanzahl r deutlich erkennbar sind, ist das für theoretische Überlegungen von Vorteil und deshalb zählen wir nachfolgend die Nieten.

Die Wahrscheinlichkeit $P(X = j - r)$ können wir mithilfe eines allgemeinen Wahrscheinlichkeitsbaums zu einer beliebigen Bernoulli-Kette mit j Stufen herleiten. Die Vorgehensweise sei an dem Baum aus Abb. 4 auf Seite 15 demonstriert. Hier gilt $j = 3$ und wir können für r drei verschiedene Möglichkeiten diskutieren:

- Es gilt $r = 1$, d. h., es gibt genau einen Treffer. Der muss dann zwangsläufig im dritten und letzten Versuch erhalten werden, sodass $j - r = 2$ gilt. Es ist also der erste Treffer und somit gilt $P(X = 2) = p \cdot (1 - p)^2$, siehe dazu die Herleitungen zur geometrischen Verteilung.

- Es gilt $r = 2$. Das bedeutet, dass bei den ersten zwei Versuchen genau $r - 1 = 1$ Treffer und $j - r = 1$ Niete auftreten. Diese Forderungen und natürlich der Treffer im dritten Versuch werden durch die Pfade TNT und NTT erfüllt. Nach der Pfadregel und nach der Summenregel gilt:

$$P(X = 1) = P(TNT) + P(NTT) = 2 \cdot p^2 \cdot (1 - p)$$

- Es gilt $r = 3$. Das bedeutet, dass bei den ersten zwei Versuchen genau $r - 1 = 2$ Treffer und $j - r = 0$ Nieten auftreten, d. h., alle drei Versuche ergeben einen Treffer. Zu diesem Ereignis gibt es im Wahrscheinlichkeitsbaum genau einen Pfad, nämlich TTT. Gemäß der Pfadregel ergibt sich $P(X = 0) = P(TTT) = p^3$.

Diese Überlegungen lassen sich für beliebiges $j \in \mathbb{N}$ verallgemeinern. Aus den dazugehörigen Wahrscheinlichkeitsbäumen ergibt sich dabei Folgendes:

- Zu jedem Pfad im Wahrscheinlichkeitsbaum mit r Treffern, der im j-ten Versuch mit einem Treffer endet, sind die Pfadwahrscheinlichkeiten gleich.

Im obigen Fallbeispiel für $r = 2$ bedeutet dies $P(TNT) = P(NTT)$. Demnach spielt die Reihenfolge bei der Anordnung von Treffern und Nieten bei der Berechnung keine Rolle, sondern lediglich die Trefferanzahl r bzw. die Nietenanzahl $j - r$. Das steht in Analogie zur Berechnung der Pfadwahrscheinlichkeiten bei der Binomialverteilung (siehe Abschnitt 1.1) und bedeutet:

$$P(\underbrace{TTT\ldots T}_{r\text{-mal}}\underbrace{NNN\ldots N}_{(j-r)\text{-mal}}) = p^r \cdot (1-p)^{j-r}$$

- Bei der Bestimmung der Anzahl aller Pfade mit r Treffern müssen wir beachten, dass auf allen solchen Pfaden im j-ten Versuch ein Treffer auftritt. Die restlichen $r - 1$ Treffer treten in den vorhergehenden $j - 1$ Versuchen auf. Folglich gibt es $\binom{j-1}{r-1}$ mögliche Pfade und die Anwendung von Pfad- und Summenregel ergibt:

$$P(X = j - r) = \binom{j-1}{r-1} \cdot p^r \cdot (1-p)^{j-r} \tag{3.9}$$

Man beachte, dass diese Formel auch in der Gestalt

$$P(X = k) = \binom{k+r-1}{k} \cdot p^r \cdot (1-p)^k \tag{3.10}$$

notiert wird. Diese Darstellung ergibt sich aus (3.9) durch die Substitution $k = j - r$ bzw. $j = k + r$ und unter Verwendung der Symmetrieeigenschaft $\binom{n}{m} = \binom{n}{n-m}$ des Binomialkoeffizienten, d. h., genauer gilt:

$$\binom{j-1}{r-1} = \binom{k+r-1}{r-1} = \binom{k+r-1}{k+r-1-(r-1)} = \binom{k+r-1}{k}$$

Die Darstellung (3.10) vereinfacht Notationen und Argumentationen, ist aber aus der Sicht von Lernenden zunächst weniger günstig, da in dieser Formel die Anzahl j der Wiederholungen verborgen bleibt, die man natürlich leicht ermitteln kann (d. h. $j = k + r$).

Beispiel 3.11. Ein Student bereitet sich mit einer Wahrscheinlichkeit von $p = 0{,}4$ gut auf den Besuch eines einmal pro Woche stattfindenden Mathematikseminars vor. Wir ermitteln die Wahrscheinlichkeit dafür, dass er am fünften Seminar zum dritten Mal gut vorbereitet teilnimmt. Das bedeutet, dass der Student bei den vorhergehenden vier Seminaren zweimal gut vorbereitet und zweimal nicht gut vorbereitet war. Mit anderen Worten gibt es unter fünf Seminarbesuchen ($j = 5$ Versuche) drei Treffer ($r = 3$) und zwei Nieten ($k = j - r = 2$), wobei der dritte Treffer beim fünften Seminarbesuch auftritt. Gemäß (3.9) oder alternativ gemäß (3.10) ergibt sich:

$$P(X = 2) = \binom{4}{2} \cdot 0{,}4^3 \cdot 0{,}6^2 = 6 \cdot 0{,}4^3 \cdot 0{,}6^2 \approx 0{,}1382 \qquad \blacktriangleleft$$

Die Wahrscheinlichkeiten (3.9) bzw. (3.10) für das Warten auf den r-ten Treffer definieren eine Wahrscheinlichkeitsverteilung.

Satz / Definition 3.12. Ein Bernoulli-Experiment mit der Trefferwahrscheinlichkeit $p \in [0; 1]$ werde j-mal ($j \in \mathbb{N}$) unabhängig voneinander wiederholt. Dabei seien die folgenden Bedingungen a) bis c) erfüllt:

a) Es gibt insgesamt $r \leq j$ Treffer ($r \in \mathbb{N}$).

b) Im j-ten Versuch gibt es den r-ten Treffer.

c) In den ersten $j - 1$ Versuchen gibt es $r - 1$ Treffer und $k = j - r$ Nieten.

Die Zufallsvariable X zähle die Anzahl der Nieten bei diesem Zufallsexperiment. Die Wahrscheinlichkeitsverteilung von X heißt <u>negative Binomialverteilung mit den Parametern r und p</u> und besitzt die Wahrscheinlichkeitsfunktion $B_{r;p}^- : \mathbb{R} \to [0; 1]$ mit:

$$B_{r;p}^-(k) := \begin{cases} \binom{k+r-1}{k} \cdot p^r \cdot (1-p)^k & , k \in \mathbb{N}_0 \\[2mm] 0 & , \text{sonst} \end{cases}$$

Die *negative* Binomialverteilung verdankt ihren Namen der Darstellung

$$P(X = k) = \binom{-r}{k} \cdot p^r \cdot \big(-(1-p)\big)^k, \qquad (3.13)$$

die sich aus (3.10) durch die folgenden Umformungen ergibt:

$$\binom{k+r-1}{k} \cdot p^r \cdot (1-p)^k = \frac{(k+r-1)!}{k! \cdot (r-1)!} \cdot p^r \cdot (1-p)^k$$

$$= \frac{\overbrace{(k+r-1) \cdot \ldots \cdot (r+1) \cdot r}^{k\,\text{Faktoren}}}{k!} \cdot p^r \cdot (1-p)^k$$

$$= \frac{(-1)^k}{(-1)^k} \cdot \frac{(k+r-1)\cdot\ldots\cdot(r+1)\cdot r}{k!} \cdot p^r \cdot (1-p)^k$$

$$= \frac{(-1)^k \cdot (k+r-1)\cdot\ldots\cdot(r+1)\cdot r}{k!} \cdot p^r \cdot \frac{1}{(-1)^k} \cdot (1-p)^k$$

$$= \frac{(-k-r+1)\cdot\ldots\cdot(-r-1)\cdot(-r)}{k!} \cdot p^r \cdot \big(-(1-p)\big)^k$$

$$= \frac{(-r)!}{k!(-r-k)!} \cdot p^r \cdot \big(-(1-p)\big)^k = \binom{-r}{k} \cdot p^r \cdot \big(-(1-p)\big)^k$$

Dabei wurde die Verallgemeinerung des Binomialkoeffizienten $\binom{n}{k}$ auf $n \in \mathbb{Z}$ und $k \in \mathbb{N}$ verwendet. Die Darstellung (3.13) stellt anschaulich einen Bezug zur Berechnungsformel für die Binomialverteilung her, wobei die Minuszeichen vor der Trefferanzahl r und der Nietenwahrscheinlichkeit $(1-p)$ so zu interpretieren sind, dass *vor* dem r-ten Treffer genau k Nieten erhalten werden. Für praktische Rechnungen wird die Darstellung (3.13) seltener genutzt.

Alternativ kann man statt einer Zufallsvariable X zur Zählung der Nieten vor dem r-ten Treffer eine Zufallsvariable X^* definieren, welche die Anzahl der Versuche bis zum r-ten Treffer zählt. Zwischen X^* und X gilt die Beziehung

$$P(X^* = j) = P(X = j - r).$$

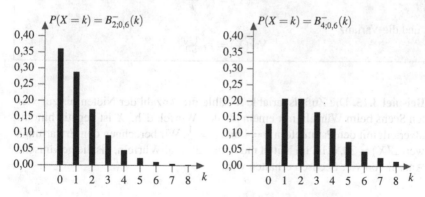

Abb. 23: Stabdiagramme der Funktionen $B^-_{2;0,6}$ und $B^-_{4;0,6}$

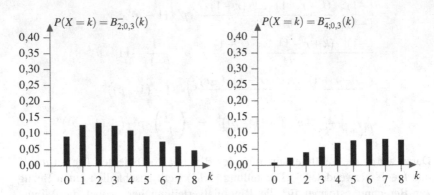

Abb. 24: Stabdiagramme der Funktionen $B^-_{2;0,3}$ und $B^-_{4;0,3}$

Der Vollständigkeit wegen notieren wir den Erwartungswert und die Varianz einer negativ binomialverteilten Zufallsvariable X, welche die Anzahl der Nieten bis zum r-ten Treffer zählt. Den Beweis der im folgenden Satz dazu notierten Berechnungsformeln findet man zum Beispiel in [7].

Satz 3.14. Eine mit den Parametern $r \in \mathbb{N}$ und $p \in (0;1]$ negativ binomialverteilte Zufallsvariable X hat den Erwartungswert

$$\mathbb{E}(X) = r \cdot \frac{1-p}{p}$$

und die Varianz

$$\text{Var}(X) = r \cdot \frac{1-p}{p^2} \, .$$

Beispiel 3.15. Die Zufallsvariable X zähle die Anzahl der Nieten bis zur vierten Sechs beim Würfeln mit einem idealen Würfel, d. h., X ist negativ binomialverteilt mit den Parametern $r = 4$ und $p = \frac{1}{6}$. Wir berechnen den Erwartungswert $\mathbb{E}(X) = 20$, d. h., im Mittel muss man 20-mal Würfeln, bis die gewünschte Anzahl von vier Sechsen erhalten wird. ◄

3.3 Die Multinomialverteilung

Beim Würfeln mit einem idealen Würfel haben wir bisher stets ausschließlich eine bestimmte Augenzahl betrachtet und ihr Auftreten als Treffer bzw. ihr Nichtauftreten als Niete interpretiert. Bei einigen Würfelspielen mit einem einzelnen Würfel genügt es jedoch nicht, eine Sechs als Treffer zu interpretieren, in dessen Folge ein Spiel nach gewissen Regeln fortgesetzt werden kann.

Man kann bei Bedarf sogar jede der Augenzahlen 1 bis 6 als Treffer interpretieren. Dabei spielt es keine Rolle, dass beispielsweise die Augenzahl 1 im wahren Leben eine „Niete" darstellt, die für einen Spieler eine „Bestrafung" bezüglich des weiteren Spielverlaufs bedeuten kann, während die Augenzahlen 2 bis 6 eine „Belohnung" zur Folge haben. Es macht also tatsächlich Sinn, nicht zwischen Treffern und Nieten zu unterscheiden, sondern ausschließlich von *Treffern unterschiedlicher Art* zu sprechen. Das setzt voraus, dass man die Treffer klar voneinander unterscheiden kann, was durch die Augenzahlen des Würfels offenbar eindeutig vorgegeben ist. Wir können damit genauer von einem Treffer *m*-ter Art sprechen, wobei m für die Augenzahl steht, d. h., m durchläuft die Zahlen von 1 bis 6.

Jetzt kann die Frage von Interesse sein, mit welcher Wahrscheinlichkeit eine bestimmte Konstellation von Augenzahlen beim n-maligen Wurf des Würfels auftritt. Wir zählen also die Anzahl der Einsen, Zweien, Dreien, Vieren, Fünfen und Sechsen, die bei den n Würfen erhalten werden. Für jede Augenzahl m führen wir dabei eine Zufallsvariable X_m ein, die die Anzahl der Treffer m-ter Art zählt. Wir haben es also mit insgesamt sechs Zufallsvariablen $X_1, \ldots, X_6$ zu tun, die wir zu einem Zufallsvektor $(X_1, \ldots, X_6)$ zusammenfassen. Ein Ereignis notieren wir entsprechend als Tupel $(k_1, \ldots, k_6)$, wobei $k_m \in \mathbb{N}_0$ die Anzahl der Treffer m-ter Art ist und insbesondere

$$k_1 + \ldots + k_6 = n$$

gilt. Beispielsweise wird durch das Tupel $(4, 2, 0, 3, 5, 1)$ das Ereignis kodiert, dass unter insgesamt $n = 4 + 2 + 0 + 3 + 5 + 1 = 15$ Würfen genau viermal die Eins, zweimal die Zwei, keine Drei, dreimal die Vier, fünfmal die Fünf und einmal die Sechs erhalten wurde. Bei der Berechnung der Wahrscheinlichkeit für ein Ereignis können wir ebenfalls die Vektorschreibweise nutzen, d. h.,

$$P\big((X_1, \ldots, X_6) = (k_1, \ldots, k_6)\big).$$

Diese Notation kann im Einzelfall unübersichtlich sein, sodass auch die Schreibweise

$$P(X_1 = k_1, X_2 = k_2, X_3 = k_3, X_4 = k_4, X_5 = k_5, X_6 = k_6)$$

üblich ist. In die Berechnung dieser Wahrscheinlichkeit gehen unter anderem die Wahrscheinlichkeiten p_m ein, mit denen ein Treffer m-ter Art erhalten wird. Beim idealen Würfel bedeutet das $p_1 = p_2 = p_3 = p_4 = p_5 = p_6 = \frac{1}{6}$ und insbesondere gilt

$$p_1 + p_2 + p_3 + p_4 + p_5 + p_6 = 1.$$

Die Betrachtung von mehreren möglichen Ergebnissen eines Experiments und deren Interpretation als Treffer m-ter Art lässt sich auf beliebige Experimente verallgemeinern. Das lässt sich auch am Beispiel des Würfelns verdeutlichen, wenn wir dabei nicht wie oben jede einzelne Augenzahl als Treffer unterschiedlicher Art ansehen, sondern einige der Augenzahlen zusammenfassen. Beispielsweise kann das Werfen einer Sechs, einer Fünf oder Eins im wahren Leben als „Treffer" angesehen werden, während die Augenzahlen 2 bis 4 als „Nieten" gelten, wobei die Fünf bzw. Eins als gleichrangig angesehen werden und die Sechs einen Sonderstatus hat. Damit wir die Treffer und Nieten eindeutig unterscheiden können, bezeichnen wir das Würfeln einer Sechs als *Treffer erster Art*, das Würfeln einer Fünf oder Eins als *Treffer zweiter Art*, und das Würfeln einer der Augenzahlen 2 bis 4 fassen wir als *Treffer dritter Art* zusammen. In Analogie zu den obigen Bezeichnungen gilt hierbei

- $p_1 = \frac{1}{6}$ (Wahrscheinlichkeit für einen Treffer erster Art),
- $p_2 = \frac{1}{3}$ (Wahrscheinlichkeit für einen Treffer zweiter Art) bzw.
- $p_3 = 1 - p_1 - p_2 = \frac{3}{6} = \frac{1}{2}$ (Wahrscheinlichkeit für einen Treffer dritter Art).

Die Wahrscheinlichkeiten p_m für einen Treffer m-ter Art gehen in die Berechnung der Wahrscheinlichkeiten

$$P(X_1 = k_1, X_2 = k_2, X_3 = k_3)$$

ein, wobei die Zufallsvariable X_1 die Treffer erster Art, die Zufallsvariable X_2 die Treffer zweiter Art und die Zufallsvariable X_3 die Treffer dritter Art zählt. Die Anzahl der Treffer der jeweiligen Art wird durch $k_1, k_2, k_3 \in \mathbb{N}_0$ gegeben, wobei

$$n = k_1 + k_2 + k_3$$

die Gesamtanzahl der Würfelwürfe (Versuchswiederholungen) ist.

Allgemeiner kann man die Betrachtung von $s \geq 2$ möglichen Ergebnissen bei einem Experiment mit einem Urnenmodell beschreiben. Dazu sei angenommen, dass sich in einer Urne mindestens s Kugeln befinden. Diese Kugeln sind beispielsweise durch den Aufdruck einer natürlichen Zahl zwischen und einschließlich 1 und s unterscheidbar. Das bedeutet, dass es insgesamt s verschiedene Kugelarten gibt. Der Anteil einer Kugel der Art $m \in \{1, \ldots, s\}$ sei $p_m \in [0; 1]$ und es gilt:

$$p_1 + p_2 + \ldots + p_s = 1$$

Der Urne wird n-mal ($n \in \mathbb{N}$) eine Kugel entnommen, ihre Art (d. h. die Zahl $m \in \{1, \ldots, s\}$) notiert und die Kugel anschließend wieder in die Urne zurückgelegt. Das Ziehen einer Kugel mit der Nummer $m \in \{1, \ldots, s\}$ bezeichnen wir als <u>Treffer m-ter Art</u>. Dabei werde k_1-mal ein Treffer erster Art, k_2-mal ein Treffer zweiter Art, k_3-mal ein Treffer dritter Art und allgemeiner k_m-mal ein Treffer m-ter Art erhalten, wobei $k_1, k_2, \ldots, k_s \in \mathbb{N}_0$ und

$$k_1 + k_2 + \ldots + k_s = n$$

gilt. Die Anzahl der Treffer m-ter Art werde durch die Zufallsvariable X_m gezählt. Für die Wahrscheinlichkeit, dass X_1 den Wert k_1, X_2 den Wert k_2, X_3 den Wert k_3 ... und X_s den Wert k_s annimmt, schreiben wir:

$$P(X_1 = k_1, X_2 = k_2, \ldots, X_s = k_s) \tag{3.16}$$

Eine Formel zur Berechnung dieser Wahrscheinlichkeit lässt sich wieder mithilfe von Wahrscheinlichkeitsbäumen herleiten. Da wir hier $s \geq 2$ verschiedene Trefferarten unterscheiden, haben diese Bäume einen großen Umfang. Wir begnügen uns daher zum Verständnis mit einem kleinen Minibeispiel für $s = n = 3$. Das ergibt den Wahrscheinlichkeitsbaum in Abb. 25, bei dem die in den Knoten notierten Symbole T_1, T_2 bzw. T_3 für einen Treffer erster, zweiter bzw. dritter Art stehen und p_m die zugehörigen Wahrscheinlichkeiten für das Eintreten eines Treffers m-ter Art sind ($m \in \{1; 2; 3\}$).[2]

---

[2] Sollte dieser allgemein gehaltene Wahrscheinlichkeitsbaum zunächst zu abstrakt erscheinen, so kann man sich die Treffer und ihre Eintrittswahrscheinlichkeiten zum noch besseren Verständnis geeignet illustrieren. Dazu ist beispielsweise das oben angesprochene Beispiel des Würfelns geeignet, wo eine Sechs einen Treffer erster Art, die Augenzahlen 5 und 1 einen Treffer zweiter Art und die restlichen Augenzahlen einen Treffer dritter Art ergeben, sodass man in den Knoten nicht die Trefferart T_1, T_2 bzw. T_3, sondern die Augenzahlen notiert und an die Zweige die entsprechenden Zahlenwerte der Wahrscheinlichkeiten p_1, p_2 bzw. p_3.

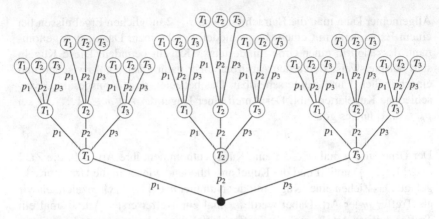

Abb. 25: Wahrscheinlichkeitsbaum für die dreimalige unabhängige
Wiederholung eines Versuchs mit drei verschiedenen Ausgängen

Für das Ereignis, dass bei der dreimaligen Wiederholung des Versuchs jeweils
einmal ein Treffer erster Art, einmal ein Treffer zweiter Art und einmal ein
Treffer dritter Art erhalten wird, d. h. $(X_1, X_2, X_3) = (1, 1, 1)$, enthält der Wahrscheinlichkeitsbaum in Abb. 25 sechs verschiedene Pfade. Diese beschreiben
wir als Folge der Symbole für die Trefferart:

$$T_1 T_2 T_3, \ T_1 T_3 T_2, \ T_2 T_1 T_3, \ T_2 T_3 T_1, \ T_3 T_1 T_2, \ T_3 T_2 T_1$$

Entsprechend der Pfadregel ergeben sich die Wahrscheinlichkeiten für diese
Ereignisse:

$$P(T_1 T_2 T_3) = p_1 p_2 p_3, \ P(T_1 T_3 T_2) = p_1 p_3 p_2, \ P(T_2 T_1 T_3) = p_2 p_1 p_3,$$
$$P(T_2 T_3 T_1) = p_2 p_3 p_1, \ P(T_3 T_1 T_2) = p_3 p_1 p_2, \ P(T_3 T_2 T_1) = p_3 p_2 p_1$$

Offensichtlich sind diese Wahrscheinlichkeiten alle gleich, d. h., die Reihenfolge der Trefferart spielt keine Rolle bzw. wegen der Kommutativität der
Multiplikation reeller Zahlen gilt:

$$P(T_1 T_2 T_3) = P(T_1 T_3 T_2) = P(T_2 T_1 T_3) = \ldots = P(T_3 T_2 T_1) = p_1 p_2 p_3$$

Die Summenregel ergibt schließlich:

$$P(X_1 = 1, X_2 = 1, X_3 = 1) = 6 \cdot P(T_1 T_2 T_3) = 6 p_1 p_2 p_3$$

Analog gehen wir für das Ereignis vor, dass zweimal ein Treffer erster Art, einmal ein Treffer zweiter Art und kein Treffer dritter Art erhalten wird, d. h. $(X_1, X_2, X_3) = (2, 1, 0)$. Dazu erkennen wir in Abb. 25 die drei Pfade

$$T_1 T_1 T_2, \ T_1 T_2 T_1 \ \text{und} \ T_2 T_1 T_1,$$

und die Pfadregel ergibt zunächst

$$P(T_1 T_1 T_2) = P(T_1 T_2 T_1) = P(T_2 T_1 T_1) = p_1^2 p_2 .$$

Bei der Herleitung einer allgemein gültigen Formel ist es sinnvoll, zwecks Vermeidung von Fallunterscheidungen stets alle Trefferarten und ihre Anzahlen zu berücksichtigen. Das erreichen wir hier durch die Multiplikation von $p_3^0 = 1$, d. h., es gilt:

$$P(T_1 T_1 T_2) = P(T_1 T_2 T_1) = P(T_2 T_1 T_1) = p_1^2 p_2 p_3^0$$

Die Summenregel ergibt:

$$P(X_1 = 2, X_2 = 1, X_3 = 0) \ = \ 3 \cdot P(T_1 T_1 T_2) \ = \ 3 p_1^2 p_2 p_3^0$$

Für das Ereignis $(X_1, X_2, X_3) = (1, 2, 0)$, d. h., es gibt einen Treffer erster Art, zwei Treffer zweiter Art und keinen Treffer dritter Art, finden wir in Abb. 25 die drei Pfade $T_1 T_2 T_2, \ T_2 T_1 T_2$ und $T_2 T_2 T_1$. Dafür ergibt sich:

$$P(X_1 = 1, X_2 = 2, X_3 = 0) \ = \ 3 \cdot P(T_1 T_2 T_2) \ = \ 3 p_1 p_2^2 p_3^0$$

Für das Ereignis $(X_1, X_2, X_3) = (3, 0, 0)$, d. h., es gibt drei Treffer erster Art, keinen Treffer zweiter Art und keinen Treffer dritter Art, gibt es mit $T_1 T_1 T_1$ genau einen Pfad im Wahrscheinlichkeitsbaum. Folglich gilt:

$$P(X_1 = 3, X_2 = 0, X_3 = 0) \ = \ P(T_1 T_1 T_1) \ = \ p_1^3 \ = \ p_1^3 p_2^0 p_3^0$$

Die am Beispiel $s = n = 3$ demonstrierte Vorgehensweise zur Berechnung der Wahrscheinlichkeiten (3.16) lässt sich auf beliebige $s \geq 2$, $n \in \mathbb{N}$ und Anzahlen $k_1, \ldots, k_s \in \mathbb{N}_0$ mit $k_1 + \ldots + k_s = n$ verallgemeinern. Grundlegend ist das Verständnis dafür, dass alle Pfade im zugehörigen Wahrscheinlichkeitsbaum, auf denen k_1 Treffer erster Art, k_2 Treffer zweiter Art, $\ldots$ und k_s Treffer s-ter Art liegen, die gleiche Pfadwahrscheinlichkeit haben. Die Reihenfolge des Auftretens der Trefferarten spielt für die Berechnung der Wahrscheinlichkeiten keine

Rolle, d. h., eine Permutation in der Symbolfolge

$$\underbrace{T_1 T_1 \ldots T_1}_{k_1\text{-mal}} \underbrace{T_2 T_2 \ldots T_2}_{k_2\text{-mal}} \underbrace{T_3 T_3 \ldots T_3}_{k_3\text{-mal}} \ldots \underbrace{T_s T_s \ldots T_s}_{k_s\text{-mal}}$$

hat keinen Einfluss auf die Pfadwahrscheinlichkeit des dadurch symbolisierten Pfades, die gemäß der Pfadregel stets gleich

$$P\Big(\underbrace{T_1 T_1 \ldots T_1}_{k_1\text{-mal}} \underbrace{T_2 T_2 \ldots T_2}_{k_2\text{-mal}} \underbrace{T_3 T_3 \ldots T_3}_{k_3\text{-mal}} \ldots \underbrace{T_s T_s \ldots T_s}_{k_s\text{-mal}}\Big) = p_1^{k_1} \cdot p_2^{k_2} \cdot p_3^{k_2} \cdot \ldots \cdot p_s^{k_s}$$

ist. Die Anzahl solcher Pfade lässt sich leicht abzählen. Zunächst können wir von den n freien Stellen k_1 Stellen für einen Treffer erster Art auswählen, wofür es $\binom{n}{k_1}$ Möglichkeiten gibt. Von den noch nicht besetzten $n - k_1$ Stellen können wir jetzt k_2 Stellen mit einem Treffer zweiter Art belegen, wofür es $\binom{n-k_1}{k_2}$ Möglichkeiten gibt. Von den verbleibenden $n - k_1 - k_2$ noch nicht besetzten Stellen können k_3 Stellen mit einem Treffer dritter Art belegt werden, wofür es $\binom{n-k_1-k_2}{k_3}$ Möglichkeiten gibt. Die Besetzung der insgesamt n Stellen führen wir solange fort, bis nur noch $n - k_1 - k_2 - \ldots - k_{s-1}$ Stellen frei sind. Diese können wir mit k_s Treffern s-ter Art belegen, wofür es $\binom{n-k_1-k_2-\ldots-k_{s-1}}{k_s}$ Möglichkeiten gibt. Nach dem Fundamentalprinzip des Zählens gibt es insgesamt

$$\binom{n}{k_1} \cdot \binom{n-k_1}{k_2} \cdot \ldots \cdot \binom{n-k_1-k_2-\ldots-k_{s-1}}{k_s} = \frac{n!}{k_1! \cdot k_2! \cdot \ldots \cdot k_s!}$$

Pfade mit den oben genannten Eigenschaften. Das Gleichheitszeichen ergibt sich dabei nach der Anwendung der Definition der Binomialkoeffizienten und Kürzen der Fakultäten $(n - k_1)!$, $(n - k_1 - k_2)!$, $\ldots$, $(n - k_1 - k_2 - \ldots - k_{s-1})!$.

Der erhaltene Ausdruck

$$\frac{n!}{k_1! \cdot k_2! \cdot \ldots \cdot k_s!} \, , \quad k_1, \ldots, k_s \in \mathbb{N}_0 \, , \quad k_1 + \ldots + k_s = n$$

heißt <u>Multinomialkoeffizient</u>. Er stellt eine Verallgemeinerung des Binomialkoeffizienten dar und wird in der Literatur auch durch das Symbol

$$\binom{n}{k_1, k_2, \ldots, k_s}$$

ausgedrückt. Der Multinomialkoeffizient prägt außerdem auch die Namensgebung für die Verteilung, die der Zufallsvektor $(X_1,\dots,X_s)$ besitzt. Die im folgenden Satz genannte Berechnungsformel für das Ereignis $(X_1,\dots,X_s) = (k_1,\dots,k_s)$ ergibt sich mit Bezug auf den dazugehörigen Wahrscheinlichkeitsbaum gemäß der Pfad- und der Summenregel.

Satz / Definition 3.17. Ein Zufallsexperiment mit $s \in \mathbb{N} \setminus \{1\}$ verschiedenen Ergebnissen werde n-mal unabhängig wiederholt ($n \in \mathbb{N}$). Die Zufallsvariable X_m zähle die Treffer m-ter Art ($m \in \{1,\dots,s\}$). Die Wahrscheinlichkeit für einen Treffer m-ter Art sei $p_m \in [0;1]$ und es gelte $p_1 + \dots + p_s = 1$. Die Wahrscheinlichkeitsverteilung des Zufallsvektors $(X_1,\dots,X_s)$ heißt Multinomialverteilung[3] mit den Parametern n und $p_1,\dots,p_s$ und es gilt

$$P(X_1 = k_1, X_2 = k_2, \dots, X_s = k_s) = \frac{n!}{k_1! \cdot k_2! \cdot \dots \cdot k_s!} \cdot p_1^{k_1} \cdot p_2^{k_2} \cdot \dots \cdot p_s^{k_s},$$

falls $k_1, k_2 \dots k_s \in \mathbb{N}_0$ und $k_1 + \dots + k_s = n$ erfüllt ist. Andernfalls setzen wir $P(X_1 = k_1, X_2 = k_2 \dots, X_s = k_s) = 0$.

Beispiel 3.18. Das zu Beginn des Abschnitts beschriebene Würfeln mit einem idealen Würfel, bei dem eine Sechs als Treffer erster Art, eine Fünf oder Eins als Treffer zweiter Art und alle anderen Augenzahlen als Treffer dritter Art definiert sind, werde 20-mal wiederholt. Wir berechnen die Wahrscheinlichkeit dafür, dass unter den 20 Ergebnissen 3 Treffer erster Art, 8 Treffer zweiter Art und 9 Treffer dritter Art auftreten. Mit Bezug zu Satz 3.17 ermitteln wir $k_1 = 3$, $k_2 = 8$, $k_3 = 9$, $n = k_1 + k_2 + k_3 = 20$ und berechnen:

$$P(X_1 = 3, X_2 = 8, X_3 = 9) = \frac{20!}{3! \cdot 8! \cdot 9!} \cdot \left(\frac{1}{6}\right)^3 \cdot \left(\frac{1}{3}\right)^8 \cdot \left(\frac{1}{2}\right)^9$$

$$= 5 \cdot 11 \cdot 13 \cdot 5 \cdot 2 \cdot 17 \cdot 3 \cdot 19 \cdot 4 \cdot \left(\frac{1}{6}\right)^3 \cdot \left(\frac{1}{3}\right)^8 \cdot \left(\frac{1}{2}\right)^9 \approx 0{,}0382$$

Für die Berechnung mit dem Taschenrechner ist es sinnvoll, zuvor einige Vereinfachungen vorzunehmen. Diese ergeben sich häufig durch das Kürzen von Faktoren, die sich nach Anwendung der Definition der Fakultäten ergeben. Den Anfang macht hierbei die Rechnung $\frac{20!}{9!} = 10 \cdot 11 \cdot \dots \cdot 20$. Weiteres Kürzen führt zum Beispiel auf das nach dem letzten Gleichheitszeichen notierte Produkt vor den Potenzen der Wahrscheinlichkeiten p_m. ◄

---

[3] Alternativ spricht man von der Polynomialverteilung.

Beispiel 3.19. Eine Urne enthält 5 weiße, 25 rote, 20 grüne, 40 blaue und 10 gelbe Kugeln. Zwölfmal nacheinander wird eine Kugel gezogen, ihre Farbe notiert und in die Urne zurückgelegt. Als Treffer erster Art gilt die Ziehung einer weißen oder gelben Kugel, als Treffer zweiter Art die Ziehung einer roten oder grünen Kugel und als Treffer dritter Art das Ziehen einer blauen Kugel. Wir berechnen die Wahrscheinlichkeit dafür, dass fünf Treffer erster Art, vier Treffer zweiter Art und drei Treffer dritter Art erhalten werden. Mit Bezug zu Satz 3.17 ermitteln wir $k_1 = 5$, $k_2 = 4$, $k_3 = 3$, $n = k_1 + k_2 + k_3 = 12$, $p_1 = \frac{15}{100} = \frac{3}{20}$, $p_2 = \frac{45}{100} = \frac{9}{20}$, $p_3 = \frac{40}{100} = \frac{2}{5}$ und berechnen:

$$P(X_1 = 5, X_2 = 4, X_3 = 3) = \frac{12!}{5! \cdot 4! \cdot 3!} \cdot \left(\frac{3}{20}\right)^5 \cdot \left(\frac{9}{20}\right)^4 \cdot \left(\frac{2}{5}\right)^3$$

$$= 3 \cdot 7 \cdot 4 \cdot 10 \cdot 11 \cdot 3 \cdot \left(\frac{3}{20}\right)^5 \cdot \left(\frac{9}{20}\right)^4 \cdot \left(\frac{2}{5}\right)^3 \approx 0,0055 \quad \blacktriangleleft$$

Beispiel 3.20. Für ein Praktikum gibt es zehn Plätze. Dem stehen 40 Studenten als Bewerber gegenüber, von denen 8 Mathematik, 12 Physik, 14 Informatik und 6 in anderen Fächern studieren. Die Praktikanten werden zufällig per Los bestimmt, wobei jedes Los nach seiner Ziehung wieder in die Urne zurückgelegt wird. Wird ein Student dabei mehrfach gezogen, dann belegt er rein formal die entsprechende Anzahl von Praktikumsplätzen und kann größere Ressourcen für sich beanspruchen. Umgekehrt bedeutet das: Werden mehrere Plätze an ein und dieselbe Person vergeben, dann wird das im Sinne der Statistik so interpretiert, als wäre jeder Platz an unterschiedliche Personen vergeben worden, d. h., es ist lediglich der Studiengang von Interesse. Damit kann man das Losverfahren als unabhängige Wiederholung des gleichen Zufallsexperiments ansehen. Wir berechnen die Wahrscheinlichkeit dafür, dass zwei Praktikumsplätze an Mathematiker (Treffer erster Art), drei Plätze an Physiker (Treffer zweiter Art), vier Plätze an Informatiker (Treffer dritter Art) und ein Platz an eine andere Fachrichtung (Treffer vierter Art) gehen. Gemäß Satz 3.17 ermitteln wir $k_1 = 2$, $k_2 = 3$, $k_3 = 4$, $k_4 = 1$, $n = k_1 + k_2 + k_3 + k_4 = 10$, $p_1 = \frac{8}{40} = \frac{1}{5}$, $p_2 = \frac{12}{40} = \frac{3}{10}$, $p_3 = \frac{14}{40} = \frac{7}{20}$, $p_4 = \frac{6}{40} = \frac{3}{20}$ und berechnen:

$$P(X_1 = 2, X_2 = 3, X_3 = 4, X_4 = 1)$$

$$= \frac{10!}{2! \cdot 3! \cdot 4! \cdot 1!} \cdot \left(\frac{1}{5}\right)^2 \cdot \left(\frac{3}{10}\right)^3 \cdot \left(\frac{7}{20}\right)^4 \cdot \frac{3}{20}$$

$$= 5 \cdot 3 \cdot 7 \cdot 4 \cdot 3 \cdot 10 \cdot \left(\frac{1}{5}\right)^2 \cdot \left(\frac{3}{10}\right)^3 \cdot \left(\frac{7}{20}\right)^4 \cdot \frac{3}{20} \approx 0,0306 \quad \blacktriangleleft$$

Die Binomialverteilung ist ein Spezialfall der Multinomialverteilung. Das sieht man für eine beliebige Bernoulli-Kette der Länge $n \in \mathbb{N}$ mit der Trefferwahrscheinlichkeit $p \in [0;1]$ folgendermaßen ein: Zählt die Zufallsvariable X die Treffer, so ist X binomialverteilt mit den Parametern n und p. Zählt die Zufallsvariable Y die Nieten, so ist Y binomialverteilt mit den Parametern n und $1-p$. Da zu jeder Trefferanzahl $k_1 \in \{0;1;\ldots;n\}$ die Nietenanzahl gleich $k_2 = n - k_1$ ist, gilt $k_1 + k_2 = n$. Außerdem können wir die Nieten als Treffer zweiter Art interpretieren und das bedeutet, dass der Zufallsvektor (X,Y) mit den Parametern n, $p_1 = p$ und $p_2 = 1 - p$ multinomialverteilt ist.

Ebenso leicht lässt sich die folgende Aussage begründen (vgl. z. B. [7]):

Satz 3.21. Der Zufallsvektor $(X_1, \ldots, X_s)$, $s \geq 2$, sei multinomialverteilt mit den Parametern $n \in \mathbb{N}$ und $p_1, \ldots, p_s \in [0;1]$. Dann ist für $m \in \{1; \ldots; s\}$ die Zufallsvariable X_m binomialverteilt mit den Parametern n und p_m.

3.4 Die Poisson-Verteilung

Für große Zahlen $n, k \in \mathbb{N}$ kann die Berechnung des Binomialkoeffizienten $\binom{n}{k}$ Probleme bereiten. Zur Vermeidung oder Lösung solcher Probleme ist die Verwendung von geeigneten Näherungswerten für die Wahrscheinlichkeitsfunktionen $B_{n;p}$ bzw. $F_{n;p}$ einer binomialverteilten Zufallsvariable sinnvoll, wie beispielsweise die in Abschnitt 1.6 vorgestellte Approximation von $B_{n;p}$ bzw. $F_{n;p}$ durch die Dichte- bzw. Verteilungsfunktion der Normalverteilung. Nachfolgend soll eine Alternative vorgestellt werden, die sich besonders eignet, wenn n groß und p klein ist. Dabei wird das folgende Ergebnis aus der Analysis verwendet:

$$\lim_{m \to \infty} \left(1 - \frac{\lambda}{m}\right)^m = e^{-\lambda}, \quad \lambda \in (0; \infty) \tag{3.22}$$

Dabei ist $e \approx 2{,}718\,281\,828 \ldots$ die Eulersche Zahl. Der Grenzwert in (3.22) wird in der Praxis häufig nicht benötigt. Vielmehr werden in praktischen Rechnungen Näherungswerte verwendet, d. h., für hinreichend groß gewähltes $m \in \mathbb{N}$ gilt:

$$\left(1 - \frac{\lambda}{m}\right)^m \approx e^{-\lambda}, \quad \lambda \in (0; \infty) \tag{3.23}$$

Dies kann zur Approximation von Wahrscheinlichkeiten in einer Bernoulli-Kette genutzt werden.

Beispiel 3.24. Die Wahrscheinlichkeit, dass bei einem Patient nach der ersten Einnahme eines neuartigen Medikaments keine Nebenwirkungen auftreten, sei $p = 0{,}0001$. Insgesamt wurden im Rahmen eines Zulassungsverfahrens in einer Versuchsreihe $n = 40000$ Personen mit dem Medikament behandelt. Die mit den Parametern n und p binomialverteilte Zufallsvariable X beschreibe die Anzahl der Probanden, bei der nach der ersten Einnahme des Medikaments Nebenwirkungen auftreten. Die Wahrscheinlichkeit, dass bei $k \in \mathbb{N}_0$ Probanden Nebenwirkungen beobachtet werden, berechnen wir gemäß der Formel von Bernoulli:

$$P(X = 0) = \binom{n}{k} \cdot p^k \cdot (1-p)^{n-k} = \binom{40000}{k} \cdot 0{,}0001^k \cdot 0{,}9999^{40000-k}$$

Für $k = 0$, $k = 1$, $k = 2$ bzw. $k = 3$ ergeben sich genauer die folgenden Wahrscheinlichkeiten, deren Berechnung ohne Probleme gelingt:

$$P(X = 0) = 0{,}9999^{40000} \approx 0{,}018312$$

$$P(X = 1) = \binom{40000}{1} \cdot 0{,}0001 \cdot 0{,}9999^{39999} \approx 0{,}073255$$

$$P(X = 2) = \binom{40000}{2} \cdot 0{,}0001^2 \cdot 0{,}9999^{39998} \approx 0{,}14652$$

$$P(X = 3) = \binom{40000}{2} \cdot 0{,}0001^3 \cdot 0{,}9999^{39997} \approx 0{,}19537$$

Dagegen kommt es für $k = 10$ zu Problemen, denn der Binomialkoeffizient lässt sich selbst nach geeigneter Umformung auf einigen Taschenrechnern nicht mehr (genau genug) ermitteln. Da $P(X = 0) = (1-p)^n$ zum linken Ausdruck in (3.23) ähnlich ist, kann man sich diese Näherungsformel folgendermaßen zunutze machen:

$$P(X = 0) = (1 - 0{,}0001)^{40000} = \left(1 - \tfrac{4}{40000}\right)^{40000} \stackrel{(3.23)}{\approx} e^{-4} \approx 0{,}018316$$

Für $k \geq 1$ wenden wir die Rekursionsformel aus Satz 1.12 an. Das ergibt:

$$P(X = 1) = \tfrac{40000}{1} \cdot \tfrac{0{,}0001}{0{,}9999} \cdot P(X = 0)$$

$$= 4{,}0004 \cdot P(X = 0) \approx 4 \cdot P(X = 0) \approx 4 \cdot e^{-4} \approx 0{,}073263$$

$$P(X = 2) = \tfrac{39999}{2} \cdot \tfrac{0,0001}{0,9999} \cdot P(X = 1)$$
$$= 2,0002 \cdot P(X = 1) \approx 2 \cdot P(X = 1) \approx 8 \cdot e^{-4} \approx 0,14653$$

$$P(X = 3) = \tfrac{39998}{3} \cdot \tfrac{0,0001}{0,9999} \cdot P(X = 2)$$
$$\approx \tfrac{4}{3} \cdot P(X = 2) \approx \tfrac{32}{3} \cdot e^{-4} \approx 0,19537$$

Bei allen berechneten Näherungswerten gibt es im Vergleich zu den obigen exakten Werten frühestens in der fünften Nachkommastelle eine Abweichung. Die Verwendung von (3.23) zusammen mit der Rekursionsformel aus Satz 1.12 führt also unter noch genauer zu klärenden Voraussetzungen auf eine gute Näherungsformel zur Berechnung der Wahrscheinlichkeiten $P(X = k)$ einer binomialverteilten Zufallsvariable. Damit wir diese Formel zunächst für dieses Beispiel präzisieren können, multiplizieren wir für $k = 2$ und $k = 3$ die Faktoren vor e^{-4} mit $1 = \tfrac{2}{2}$. Das ergibt:

$$8 = \frac{16}{2} = \frac{4^2}{2!} \quad \text{bzw.} \quad \frac{32}{3} = \frac{64}{6} = \frac{4^3}{3!}.$$

Die Faktoren lassen sich also als Quotient ausdrücken, bei dem im Zähler 4^k und im Nenner $k!$ steht. Das gelingt auch für $k = 0$ bzw. $k = 1$, d. h.

$$1 = \frac{4^0}{0!} \quad \text{bzw.} \quad 4 = \frac{4^1}{1!}.$$

Diese Beobachtung ist kein Zufall und allgemeiner lässt sich durch vollständige Induktion über k zeigen, dass für alle $k \in \{0; 1; \ldots; n\}$ die Näherungsformel

$$P(X = k) \approx \frac{4^k}{k!} \cdot e^{-4} \tag{$*$}$$

gilt. Dabei ist die Zahl 4 gleich dem Erwartungswert $\mathbb{E}(X) = 40000 \cdot 0,0001$. Mithilfe von $(*)$ können wir näherungsweise die Wahrscheinlichkeit für $k = 10$ berechnen:

$$P(X = 10) \approx \frac{4^{10}}{10!} \cdot e^{-4} \approx 0,0052925$$

Die Güte dieser Approximation ist sehr gut, denn sie stimmt in den ersten fünf Nachkommastellen mit dem durch die Octave-Funktion `binopdf` berechneten (Näherungs-) Wert 0,0052908 überein. ◄

Grundsätzlich kann man auf Basis von (3.23) und der Rekursionsformel aus
Satz 1.12 eine Näherungsformel analog zu der im Beispiel genannten Approximation $(*)$ für beliebige $p \in [0;1]$ und $n \in \mathbb{N}$ herleiten. Damit als Ergebnis
eine gute Approximation erhalten wird, muss man sich dabei zunächst klar
machen, dass p klein und n groß sein muss. Dann steht einem Beweis des folgenden Satzes durch vollständige Induktion über k nichts im Weg.

> **Satz 3.25.** Die binomialverteilte Zufallsvariable X besitze die Parameter
> $p \in [0;1]$ und $n \in \mathbb{N}$ derart, dass p klein und n groß ist. Dann gilt die fol-
> gende Näherungsformel:
>
> $$P(X=k) \approx \frac{(np)^k}{k!} \cdot e^{-np} \, , \quad k \in \{0;1;\ldots;n\}$$

Für $k=0$ (Induktionsanfang) ist dies eine direkte Anwendung von (3.23):

$$P(X=0) = (1-p)^n = \left(1 - \frac{np}{n}\right)^n \approx e^{-np} = \frac{(np)^0}{0!}e^{-np}$$

Jetzt können wir annehmen, dass die Näherungsformel aus Satz 3.25 für beliebiges $k \in \{0;1;\ldots;n-1\}$ gilt (Induktionsvoraussetzung) und zeigen, dass
sie auch für $k+1$ gilt (Induktionsschritt). Das beginnt mit der Anwendung der
Rekursionsformel aus Satz 1.12:

$$P(X=k+1) = \frac{n-k}{k+1} \cdot \frac{p}{1-p} \cdot P(X=k)$$

$$\approx \frac{np}{k+1} \cdot P(X=k) \approx \frac{np}{k+1} \cdot \frac{(np)^k}{k!} \cdot e^{-np} = \frac{(np)^{k+1}}{(k+1)!}e^{-np}$$

Das zweite Approximationszeichen gilt nach Induktionsvoraussetzung. Das
erste Approximationszeichen lässt sich *grob* folgendermaßen begründen: Nach
Voraussetzung ist $p \in (0;1]$ (sehr) klein, d. h., es gilt $p \approx 0$. Folglich gilt
$1-p \approx 1$. Außerdem gilt die Näherung $\frac{k}{k+1} \approx 1$, die für kleinere k sehr grob,
für größere k sehr gut ist.[4] Da p (sehr) klein ist, folgt $\frac{k}{k+1} \cdot p \approx 0$. Insgesamt
erhalten wir:

$$\frac{n-k}{k+1} \cdot \frac{p}{1-p} \approx \frac{n-k}{k+1} \cdot p = \frac{np}{k+1} - \frac{k}{k+1} \cdot p \approx \frac{np}{k+1}$$

---

[4] Letzteres gilt wegen $\frac{k}{k+1} < 1$ für alle $k \in \mathbb{N}$ und $\lim\limits_{k \to \infty} \frac{k}{k+1} = 1$.

Der Beweis von Satz 3.25 mithilfe der Rekursionsformel ist anschaulich leicht zu verstehen und verallgemeinert die für konkrete Zahlenwerte in Beispiel 3.24 durchgeführten Rundungen des Produkts $\frac{n-k}{k+1} \cdot \frac{p}{1-p}$. Das ist jedoch ein Nachteil dieser Vorgehensweise, denn obwohl wir im Beispiel auch für kleinere k sehr gute Näherungswerte für $P(X = k)$ erhalten haben, ist das für beliebige Konstellationen von p, n und k nicht selbstverständlich. Mit anderen Worten bleibt im oben geführten Induktionsbeweis die Frage offen, wie gut die in Satz 3.25 genannten Näherungswerte für $P(X = k)$ für beliebiges k tatsächlich sind.

Dass die Näherungswerte für alle k gut sind, lässt sich leichter einsehen, wenn in der Wahrscheinlichkeitsfunktion $B_{n;p}$ einer mit den Parametern $p \in [0; 1]$ und $n \in \mathbb{N}$ binomialverteilten Zufallsvariable der Grenzwert für $n \to \infty$ ermittelt wird. Dass gelingt mit der Voraussetzung, dass

$$\lambda := np \tag{3.26}$$

für *alle(!)* $n \in \mathbb{N}$ konstant ist. Wegen $p = \frac{\lambda}{n}$ bedeutet dies:

$$\lim_{n \to \infty} p = \lim_{n \to \infty} \frac{\lambda}{n} = 0 \tag{3.27}$$

Außerdem gilt für alle $k \in \mathbb{N}_0$:

$$P(X = k) = B_{n;p}(k) = \binom{n}{k} \cdot p^k \cdot (1-p)^{n-k} = \frac{n!}{(n-k)! \cdot k!} \cdot p^k \cdot (1-p)^{n-k}$$

$$= \frac{(n-k+1) \cdot \ldots \cdot (n-1) \cdot n}{k!} \cdot \frac{n^k}{n^k} \cdot p^k \cdot (1-p)^n \cdot (1-p)^{-k}$$

$$= \frac{(n-k+1) \cdot \ldots \cdot (n-1) \cdot n}{n^k} \cdot \frac{(np)^k}{k!} \cdot (1-p)^n \cdot (1-p)^{-k}$$

$$= \frac{(n-(k-1))}{n} \cdot \ldots \cdot \frac{n-1}{n} \cdot \frac{n}{n} \cdot \frac{(np)^k}{k!} \cdot (1-p)^n \cdot (1-p)^{-k}$$

$$= \left(1 - \frac{k-1}{n}\right) \cdot \ldots \cdot \left(1 - \frac{1}{n}\right) \cdot \frac{(np)^k}{k!} \cdot (1-p)^n \cdot (1-p)^{-k}$$

$$= \left(1 - \frac{k-1}{n}\right) \cdot \ldots \cdot \left(1 - \frac{1}{n}\right) \cdot \frac{\lambda^k}{k!} \cdot \left(1 - \frac{\lambda}{n}\right)^n \cdot \left(1 - \frac{\lambda}{n}\right)^{-k}$$

Durch $\left(B_{n;p}(k)\right)_{n\in\mathbb{N}}$ wird eine reelle Zahlenfolge definiert, auf die wir die entsprechenden Grenzwertsätze für konvergente Folgen anwenden können.[5] Da $k \in \mathbb{N}_0$ fest gewählt und λ konstant ist, erhalten wir mit (3.23),

$$\lim_{n\to\infty}\left(1-\frac{k-1}{n}\right)\cdot\ldots\cdot\left(1-\frac{1}{n}\right) = 1 \quad \text{und} \quad \lim_{n\to\infty}\left(1-\frac{\lambda}{n}\right)^{-k} = 1$$

abschließend den im folgenden Satz genannten Grenzwert.

Satz 3.28. Für die Wahrscheinlichkeitsfunktionen $B_{n;p}$ von mit den Parametern $n \in \mathbb{N}$ und $p \in (0;1]$ binomialverteilten Zufallsvariablen sei $\lambda := np$ für alle $n \in \mathbb{N}$ konstant. Dann konvergiert die Folge $\left(B_{n;p}(k)\right)_{n\in\mathbb{N}}$ für beliebiges $k \in \{0;1;2;\ldots\}$ gegen den Grenzwert

$$\lim_{n\to\infty} B_{n;p}(k) = \frac{\lambda^k}{k!} \cdot e^{-\lambda}\,.$$

Durch den Grenzwert der Binomialverteilung wird eine diskrete Wahrscheinlichkeitsverteilung definiert.

Definition 3.29. Die Zufallsvariable Y besitzt eine <u>Poisson-Verteilung mit dem Parameter $\lambda \in (0;\infty)$</u>, falls gilt:

$$P(Y = k) = \frac{\lambda^k}{k!} \cdot e^{-\lambda}\,, \quad k \in \mathbb{N}_0$$

Aus (3.27) folgt, dass die Trefferwahrscheinlichkeit p klein ist, wenn n groß ist. Mit anderen Worten wird mit wachsender Anzahl von Wiederholungen eines Bernoulli-Experiments die Wahrscheinlichkeit für einen Treffer kleiner. Statt „klein" sagt man auch „selten" und in diesem Zusammenhang nennt man die Poisson-Verteilung auch <u>Verteilung der seltenen Ereignisse</u>. Sie wird zur Berechnung der Wahrscheinlichkeiten von Ereignissen verwendet, die genau k-mal in einer vorgegebenen Stichprobe auftreten, die sich ihrerseits zum Beispiel auf ein relativ großes Objekt oder eine relativ große Zeitspanne bezieht. Es können also beispielsweise Druckfehler in einem Buch, Kirschkerne in einem (eigentlich kernlosen) Kuchen oder seltene Unfälle in einer Fabrik mit vielen Mitarbeitern bzw. in einer großen Zeitspanne untersucht werden.

---

[5] Insbesondere wenden wir dabei die Regel $\lim\limits_{n\to\infty}\left(a_n \cdot b_n\right) = \lim\limits_{n\to\infty} a_n \cdot \lim\limits_{n\to\infty} b_n$ für beliebige konvergente Folgen $\left(a_n\right)_{n\in\mathbb{N}}$ und $\left(b_n\right)_{n\in\mathbb{N}}$ mehrfach an.

Bei der Herleitung der Poisson-Verteilung als Grenzwert der Binomialverteilung wird vorausgesetzt, dass $\lambda = np$ für alle $n \in \mathbb{N}$ konstant ist. Da np der Erwartungswert einer mit den Parametern n und p binomialverteilten Zufallsvariable ist, ergibt sich intuitiv die naheliegende Vermutung, dass λ der Erwartungswert einer Possion-verteilten Zufallsvariable ist. Man kann leicht nachrechnen, dass dies tatsächlich der Fall. Geringfügig mehr Aufwand macht die Berechnung der Varianz.

Satz 3.30. Eine mit dem Parameter $\lambda \in (0; \infty)$ Possion-verteilte Zufallsvariable Y hat den Erwartungswert $\mathbb{E}(Y) = \lambda$ und die Varianz $\text{Var}(Y) = \lambda$.

Beispiel 3.31. Eine Versicherung hat ermittelt, dass sich innerhalb eines Jahres in 300 Handwerksbetrieben 153 schwere Unfälle auf Baustellen ereignet haben. Zur Planung von Versicherungsangeboten soll anhand dieser Datenbasis die Wahrscheinlichkeit dafür ermittelt werden, dass es in einem Handwerksbetrieb in einem Jahr zu keinem, einem, zwei oder mehr als zwei Unfällen kommt. Schwere Unfälle gehören zweifellos zu den seltenen Ereignissen, denn durchschnittlich ereignen sich pro Jahr und Handwerksbetrieb lediglich $\frac{153}{300} = 0{,}51$ schwere Unfälle. Das bedeutet, dass sich über den Beobachtungszeitraum von einem Jahr in vielen Betrieben kein oder ein Unfall ereignet hat. Zur Berechnung der gesuchten Wahrscheinlichkeiten kann deshalb angenommen werden, dass die Zufallsvariable Y, die die Anzahl der schweren Unfälle zählt, einer Poisson-Verteilung genügt. Der Parameter λ ist der Erwartungswert für die Anzahl der schweren Unfälle pro Jahr. Gemäß der zur Verfügung stehenden Datenbasis liegt es nahe, dafür die durchschnittliche Anzahl schwerer Unfälle zu verwenden, d. h. $\lambda = \frac{153}{300} = 0{,}51$. Damit gilt:

$$P(Y = k) = \frac{0{,}51^k}{k!} \cdot e^{-0{,}51}, \ k \in \mathbb{N}_0$$

Jetzt können wir die gesuchten Wahrscheinlichkeiten berechnen:

- $P(Y = 0) = \frac{0{,}51^0}{0!} \cdot e^{-0{,}51} = e^{-0{,}51} \approx 0{,}60050$
- $P(Y = 1) = \frac{0{,}51^1}{1!} \cdot e^{-0{,}51} = 0{,}51 \cdot e^{-0{,}51} \approx 0{,}30625$
- $P(Y = 2) = \frac{0{,}51^2}{2!} \cdot e^{-0{,}51} = 0{,}13005 \cdot e^{-0{,}51} \approx 0{,}07809$
- $P(Y > 2) = 1 - P(Y \leq 2)$
  $\qquad\quad = 1 - P(Y = 0) - P(Y = 1) - P(Y = 2) \approx 0{,}01516$ ◀

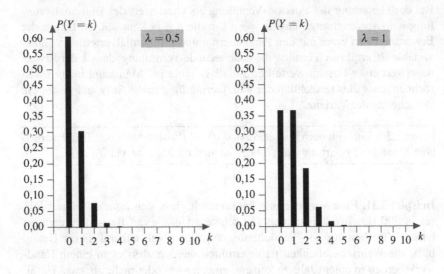

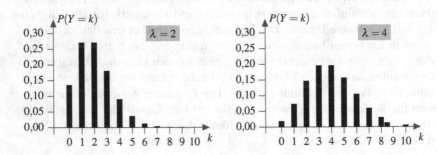

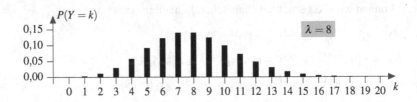

Abb. 26: Stabdiagramme von Poisson-Verteilungen

Mit Bezug zur Herleitung der Poisson-Verteilung als Grenzwert der Binomialverteilung bedeutet „selten", dass mit einer wachsenden Anzahl n von Bernoulli-Experimenten eine immer kleiner werdende Trefferwahrscheinlichkeit p dadurch ausgeglichen wird, dass die erwartete Trefferanzahl np konstant bleibt. Folglich müssen aber tatsächlich die Trefferwahrscheinlichkeit p klein und die Länge n der Bernoulli-Kette groß sein, damit durch die Poisson-Verteilung eine gute Approximation an die Binomialverteilung gewährleistet werden kann. Die Aussage von Satz 3.25 ergibt sich dann als Folgerung aus Satz 3.28, wobei (3.27) berücksichtigt wird.

Anschaulich ist also klar, dass p „klein" und n „groß" sein muss. Trotzdem ist es nicht ganz einfach, für p eine obere Schranke, für n eine untere Schranke und eine Beziehung zwischen beiden Parametern zu nennen, die eine gute Approximation der Binomialverteilung durch die Poisson-Verteilung garantieren. Zum Beispiel nennt [9] dafür

$$np < 10 \quad \text{und} \quad n > 1500p$$

als Faustregel. In [1] wird dies zusammengefasst zu:

$$0 < p < \min\left(\tfrac{10}{n}, \tfrac{n}{1500}\right)$$

Für die Trefferwahrscheinlichkeit etwas konkreter wird [2] und empfiehlt als Faustregel

$$p \leq 0{,}08 \quad \text{und} \quad n \geq 1500p.$$

Die obige Herleitung von Satz 3.28 gilt natürlich für alle $k \in \mathbb{N}_0$. Trotzdem wird man in der Praxis bei der Approximation der Binomialverteilung durch die Poisson-Verteilung nur „die ersten" $k \in \mathbb{N}_0$ berücksichtigen, d. h., k ist im Vergleich zu n klein. Das ergibt sich aus der Tatsache, dass wegen der kleinen Trefferwahrscheinlichkeit große Trefferanzahlen k nicht sehr wahrscheinlich und damit praktisch nicht relevant sind. Beispielsweise beim *Lotto 6 aus 49* ist die Trefferwahrscheinlichkeit für sechs Richtige mit

$$p = \binom{49}{6}^{-1} = \tfrac{1}{13983816} \approx 7 \cdot 10^{-8}$$

sehr klein und man rechnet leicht nach, dass die Wahrscheinlichkeit für *„100 Mal sechs Richtige in 1000 Lottoziehungen"* von null nicht zu unterscheiden ist.

Beispiel 3.32. Einem Süßwarenhersteller ist bekannt, dass bei einem von 100 Kunden schwere allergische Reaktionen auftreten, wenn sie Produkte mit einem bestimmten Zuckerersatzstoff zu sich nehmen, selbst dann, wenn davon nur kleinste Mengen enthalten sind. Aus Kostengründen wird diese Zutat trotzdem in einem neuen Produkt verarbeitet, das jetzt an 500 zufällig ausgewählte Stammkunden kostenfrei zum Probieren versendet wird. Vorab wurden vorsorglich die Wahrscheinlichkeiten für das Auftreten allergischer Reaktionen berechnet. Dabei zähle die mit den Parametern $n = 500$ und $p = \frac{1}{100} = 0,01$ binomialverteilte Zufallsvariable X die Anzahl $k \in \mathbb{N}_0$ der Probanden, bei der nach dem Genuss des neuen Produkts allergische Reaktionen auftreten. Gemäß der Formel von Bernoulli gilt:

$$p_k := P(X = k) = \binom{500}{k} \cdot 0,01^k \cdot 0,99^{500-k}$$

Da die benutzte Software bei der Berechung der Binomialkoeffizienten Warnungen ausgab (und natürlich trotzdem korrekte Werte berechnet hat), wurde sicherheitshalber eine Kontrollrechung durchgeführt und die Wahrscheinlichkeiten durch die Poisson-Verteilung mit $\lambda = 500 \cdot 0,01 = 5$ näherungsweise berechnet, d. h.,

$$P(X = k) \approx p_k^* := \frac{5^k}{k!} \cdot e^{-5}$$

Die Ergebnisse der beiden Rechnungen sind in der nebenstehenden Tabelle gegenübergestellt. Es zeigt sich, dass für das relative „kleine" $n = 500$ der betragsmäßige Fehler $|p_k - p_k^*|$ kleiner als 0,001 ist, also kleiner als 0,1 Prozent. Da man häufig nur an ganzen Prozentangaben interessiert ist, kann man

k	p_k	p_k^*	$|p_k - p_k^*|$
0	0,00657	0,00674	0,00017
1	0,03318	0,03369	0,00051
2	0,08363	0,08422	0,00059
3	0,14023	0,14037	0,00014
4	0,17600	0,17547	0,00053
5	0,17635	0,17547	0,00088
6	0,14696	0,14622	0,00074
7	0,10476	0,10444	0,00031
8	0,06521	0,06528	0,00007
9	0,03601	0,03627	0,00026
10	0,01786	0,01813	0,00027

in diesem Fall auf die recht komplizierte Berechnung der exakten Werte p_k verzichten und die numerisch wesentlich einfacher und stabiler zu berechnenden sehr guten Näherungswerte p_k^* nutzen.   ◀

Übungsaufgaben

4

Zu jedem der Kapitel 0 bis 3 wird nachfolgend in Abschnitt 4.1 eine Auswahl von Aufgaben und in Abschnitt 4.2 dazugehörige Musterlösungen bereitgestellt. Durch die Auseinandersetzung mit den Aufgaben sollen Lernende in die Lage versetzt werden, vor allem die in den Kapiteln 1 bis 3 vorgestellten Wahrscheinlichkeitsverteilungen und damit zusammenhängende Begriffe, Formeln, Rechnungen und Argumentationen besser zu verstehen. Mithilfe der Aufgaben sollen auch Zusammenhänge und Unterschiede zwischen den vorgestellten Verteilungen aufgezeigt werden. Die Aufgaben demonstrieren außerdem typische Formulierungen, anhand derer man leicht(er) eine bestimmte Wahrscheinlichkeitsverteilung erkennen kann. Auf rein theoretische Aufgaben (Beweise) wird bewusst verzichtet, denn Lernende in eher anwendungsorientierten Studiengängen, in denen Mathematik „nur" eine Servicefunktion besitzt, dürften klar in der Mehrheit sein und sich seltener damit auseinandersetzen müssen. Wer zusätzlich theoretische Aufgaben zum Üben oder Querdenken benötigt, sei auf die weiterführenden (speziell u. a. an Studierende der Mathematik adressierten) Lehrbücher verwiesen.

Zur *groben* Orientierung gilt die folgende Zuordnung:

- **Kapitel 0:** Aufgaben 1 bis 12
- **Kapitel 1:** Aufgaben 13 bis 31, 35 bis 39
- **Kapitel 2:** Aufgaben 32 bis 34, 38
- **Kapitel 3:** Aufgaben 40 bis 54

Man beachte, dass insbesondere einzelne der zu Kapitel 3 zugeordneten Aufgaben inhaltlich Wissen aus allen vorhergehenden Kapiteln benötigen.

Die Lösungen zu den Aufgaben in Abschnitt 4.2 werden durch das Schlüsselwort *Lösung* eingeleitet und die dahinter stehende Nummer gehört zur Aufgabe mit derselben Nummer (z. B. Lösung 13 gehört zu Aufgabe 13). Zu vielen Aufgaben werden Lösungswege ausführlich angegeben, bei einigen wird nur

© Der/die Autor(en), exklusiv lizenziert an
Springer-Verlag GmbH, DE, ein Teil von Springer Nature 2022
J. Kunath, *Binomialverteilung, (hyper)geometrische Verteilung, Poisson-Verteilung und Co.*, https://doi.org/10.1007/978-3-662-65670-9_5

das Endergebnis notiert. Die vorliegenden Lösungen wurden sorgfältig erarbeitet und durchgesehen. Dennoch kann nicht ausgeschlossen werden, dass es zu Tippfehlern und im Zusammenhang damit zu inhaltlichen Fehlern gekommen ist. Deshalb übernehmen der Autor und auch der Verlag für die Richtigkeit der Angaben keine Haftung. Behandeln Sie, liebe Leser, die Lösungsvorschläge deshalb also kritisch und benachrichtigen Sie bitte den Verlag, falls Sie Fehler entdecken.

4.1 Aufgaben

Aufgabe 1: Eine Urne enthält sieben durch die aufgedruckten Ziffern 1, 2, 3, 4, 5, 6 und 7 unterscheidbare Kugeln. Geben Sie die Ergebnismenge Ω an für

a) das Ziehen einer Kugel und Feststellen ihrer Ziffer,
b) das Ziehen von zwei Kugeln und Feststellen der Summe ihrer Ziffern bzw.
c) das Ziehen von zwei Kugeln und Feststellen des Produktes ihrer Ziffern.

Aufgabe 2: Auf die rechts neben der Aufgabenstellung dargestellte Scheibe wird ein Pfeil geworfen. Der Pfeil kann in den nummerierten Feldern und auf dem äußeren Rand stecken bleiben. Geben Sie drei mögliche und verschiedene Ergebnismengen für einen Pfeilwurf an.

Aufgabe 3: Zur nächsten Landtagswahl stellen sich vier Parteien A, B, C und D. Welche der folgenden Mengen Ω_i sind mögliche Ergebnismengen zur berühmt berüchtigten Sonntagsfrage: *„Welche Partei würden Sie wählen, wenn am kommenden Sonntag Landtagswahlen wären?"*

a) $\Omega_1 = \{A, B, C, D, \text{keine}\}$
b) $\Omega_2 = \{A, B \text{ oder } C, \text{keine}\}$
c) $\Omega_3 = \{A \text{ oder } B\}$
d) $\Omega_4 = \{A, \text{sonstige}, \text{keine}\}$
e) $\Omega_5 = \{A, D, \text{weder } A \text{ noch } D\}$

Aufgabe 4: Beim Würfeln mit einem idealen Würfel bezeichne A das Ereignis, eine gerade Zahl, B das Ereignis eine durch 3 teilbare Zahl, und C das Ereignis, eine 1 zu würfeln. Geben Sie die folgenden Ereignisse an:

a) $A \cap B$
b) $A \cup B$
c) $A \setminus B$
d) $A \cap C$
e) Es wird mindestens eine 2 gewürfelt.
f) Es wird eine 3 gewürfelt.
g) Es wird eine 1 oder eine 5 gewürfelt.
h) Es wird höchstens eine 5 gewürfelt.

Geben Sie bei a) bis d) außerdem eine verbale Formulierung der Ereignisse an.

Aufgabe 5: In einer Urne befinden sich 6 rote, 6 blaue, 6 gelbe, jeweils von 1 bis 6 nummerierte Kugeln. Es wird zufällig eine Kugel gezogen. Berechnen Sie die Wahrscheinlichkeiten dafür, dass die gezogene Kugel

a) rot ist.
b) eine gerader Nummer hat.
c) rot oder gelb ist.
d) keine 5 zeigt.
e) rot und ihre Nummer durch 3 teilbar ist.
f) rot oder ihre Nummer durch 3 teilbar ist.
g) nicht rot oder ihre Nummer gerade ist.

Aufgabe 6: Ein Chemiebetrieb hat 500 Mitarbeiter, die im Rahmen einer jährlich stattfindenden betriebsärztlichen Untersuchung auf allergische Reaktionen gegen einen Produktionsrohstoff getestet wurden. Treten bei einem Mitarbeiter allergische Reaktionen auf, so spricht man intern kurz von einem positiven Testergebnis, andernfalls von einem negativen Ergebnis. Die folgende Tabelle zeigt das Gesamtergebnis für die Belegschaft:

	Frauen	Männer
positiv	3	19
negativ	257	221

Sei X ein Mitarbeiter des Betriebes.

a) Wie groß ist die Wahrscheinlichkeit, dass X eine Frau ist?

b) Wie groß ist die Wahrscheinlichkeit, dass X positiv getestet ist?

c) X sei positiv getestet. Wie groß ist die Wahrscheinlichkeit, dass X zugleich eine Frau ist?

d) Auch Max Mustermann ist Mitarbeiter des Betriebes. Wie groß ist die Wahrscheinlichkeit, dass Herr Mustermann positiv getestet ist?

Aufgabe 7: Bestimmen Sie die Anzahl der Möglichkeiten

a) zur Anordnung von vier unterschiedlich gefärbten Kugeln.

b) zur namentlichen Eintragung von sechs Personen in eine Liste.

c) zur Anordnung von zehn unterschiedlichen Büchern in einem Regal.

Aufgabe 8:

a) Ein Zug besteht aus sechs Wagen der 2. Klasse, zwei Wagen der 1. Klasse, einem Speisewagen, zwei Schlafwagen und einem Gepäckwagen. Wie viele Wagenreihenfolgen sind möglich, wenn die Wagen beliebig eingereiht werden dürfen?

b) Wie viele Möglichkeiten gibt es, die Wagen aus Aufgabenteil a) anzuordnen, wenn die Wagen der 2. Klasse nicht getrennt werden dürfen?

c) Wie viele Möglichkeiten gibt es, die Wagen aus Aufgabenteil a) anzuordnen, wenn jeweils drei Wagen der 2. Klasse nicht getrennt werden dürfen?

Aufgabe 9: Wie viele verschiedene „Wörter" mit genau drei Buchstaben lassen sich aus fünf verschiedenen Buchstaben bilden, wenn

a) kein Buchstabe mehrfach auftreten darf?

b) die Buchstaben mehrfach auftreten dürfen?

Aufgabe 10: Eine Lieferung von 25 elektronischen Geräten, die durch ihre Fabrikationsnummern unterscheidbar sind, enthält vier fehlerhafte Geräte.

a) Wie viele verschiedene Stichproben vom Umfang 5 sind möglich?

b) Wie viele Stichproben vom Umfang 5 gibt es, die genau zwei fehlerhafte Geräte enthalten?

c) Wie viele Stichproben vom Umfang 5 gibt es, die *höchstens* ein fehlerhaftes Gerät enthalten?

d) Wie viele Stichproben vom Umfang 5 gibt es, die *mindestens* ein fehlerhaftes Gerät enthalten?

Aufgabe 11: Ein EDV-Passwort bestehe aus

- genau drei unterschiedlichen Buchstaben des Alphabets (insgesamt 26 Buchstaben, Groß- und Kleinschreibung werden nicht unterschieden),
- einer Zahl bestehend aus mindestens zwei, maximal vier Ziffern (die Null ist an erster Stelle möglich) und
- genau einem der drei Sonderzeichen : oder ∗ oder %.

Wie viele Möglichkeiten zur Bildung eines EDV-Passworts gibt es?

Aufgabe 12:

a) In einer Eisdiele gibt es 20 verschiedene Eissorten. Wie viele verschiedene Eisbecher mit drei Kugeln Eis können zusammengestellt werden, wenn alle Eissorten ausreichend, d. h., für mindestens drei Eiskugeln, vorhanden sind?

b) Wie viele Möglichkeiten gibt es, fünf Mathebücher, drei Physikbücher, zwei Biologiebücher und drei Chemiebücher so auf ein Regal zu stellen, dass Bücher aus dem gleichen Fachgebiet zusammen stehen? Dabei ist jedes der Bücher genau einmal vorhanden.

c) Für den Besuch an einer weiterführenden Schule bewerben sich aus einer Grundschule acht Mädchen und zwölf Jungen. Sechs Mädchen und acht Jungen können aber nur ausgewählt werden. Wie viele verschiedene Möglichkeiten der Auswahl unter den Bewerbern gibt es?

Aufgabe 13: Welche der folgenden Zufallsexperimente sind Bernoulli-Ketten?

a) Eine ideale Münze wird zehnmal geworfen.

b) Aus einer Serie von LED-Scheinwerfern werden 5 ausgewählt, die Brenndauer bestimmt und festgestellt, ob diese mindestens 1000 Stunden beträgt.

c) Bei 81 zufällig ausgesuchten Personen wird untersucht, ob Blutgruppe A vorliegt.

d) Bei 81 zufällig ausgesuchten Personen wird untersucht, welche der Blutgruppen A, B, AB oder 0 vorliegt.

e) Ein gefälschter Würfel mit $P(\text{„Sechs“}) = \frac{1}{5}$ wird 10-mal geworfen.

f) Zehn ideale (exakt identische) Münzen werden gleichzeitig geworfen.

g) Eine verbeulte Münze wird zehnmal geworfen.

h) Zehn unterschiedlich verbeulte Münzen werden gleichzeitig geworfen.

i) Acht Spieler einer Fußballmannschaft entscheiden ein Spiel durch Elfmeterschießen.

Aufgabe 14: Geben Sie zu den folgenden binomialverteilten Zufallsvariablen X die Länge n der Bernoulli-Kette und die Trefferwahrscheinlichkeit p an:

a) Ein idealer Würfel wird viermal geworfen. X beschreibe die Anzahl der Einsen.

b) Zufallszahlen werden bei der Ausführung eines Computerprogramms fortlaufend erzeugt, gelesen und dabei zu Fünferblöcken zusammengefasst. X beschreibe die Anzahl der Nullen im Fünferblock.

c) Eine Maschine zum Abfüllen von Mineralwasser hält die Mindestfüllmenge zu 93 % ein. Der laufenden Produktion werden 20 Flaschen entnommen. X beschreibe die Anzahl der Flaschen, welche mindestens die Mindestfüllmenge enthalten.

d) Eine Maschine zum Abfüllen von Konserven hält nach Herstellerangaben die Mindesteinwaage zu 97 % ein. Der laufenden Produktion werden 15 Konservendosen entnommen. X beschreibe die Anzahl der Dosen, die weniger als die Mindesteinwaage enthalten.

e) Bei serienmäßig gefertigten Computerbildschirmen sei jeder 60. defekt. Der Produktion werden 10 Bildschirme zur Kontrolle entnommen. X beschreibe die Anzahl der defekten Bildschirme.

Aufgabe 15: Zur Behandlung einer nicht ansteckenden Krankheit wird ein Medikament verabreicht, das erfahrungsgemäß mit einer Wahrscheinlichkeit von 70 % zur Besserung führt. Es werden 6 Patienten mit diesem Medikament behandelt. Mit welcher Wahrscheinlichkeit bessert sich der Zustand bei mindestens der Hälfte der Patienten?

Aufgabe 16: Ein Bauer verpackt Hühnereier in Schachteln zu je 12 Stück. Dabei geht er so unachtsam vor, dass jedes Ei mit der Wahrscheinlichkeit $\frac{1}{12}$ angebrochen ist. Entnimmt ein Kunde später ein Ei aus einer Packung, dann sei angenommen, dass die Entnahme eines Eies keinen Einfluss auf die Wahrscheinlichkeit hat, dass ein anderes Ei angebrochen ist.

a) Mit welcher Wahrscheinlichkeit enthält eine Schachtel nur gute Eier?

b) Wie wahrscheinlich ist es, dass eine Schachtel zwei oder mehr angebrochene Eier enthält?

c) An 10 verschiedene Kunden wird jeweils eine Schachtel verkauft. Mit welcher Wahrscheinlichkeit erhalten zwei Kunden eine Schachtel mit 12 nicht angebrochenen Eiern?

Aufgabe 17: Ein Bernoulli-Experiment mit der Trefferwahrscheinlichkeit $p = \frac{1}{2}$ wird n-mal durchgeführt. Bestimmen Sie für beliebiges $n \in \mathbb{N}$ einen möglichst einfachen Term $P(A)$ für die Wahrscheinlichkeit des Ereignisses A, dass in n Durchführungen mindestens zwei Treffer erzielt werden. Berechnen Sie anschließend $P(A)$ für $n = 2, 3, \ldots, 8$. Welche Länge $n \in \mathbb{N}$ muss die Bernoulli-Kette mindestens haben, wenn die Wahrscheinlichkeit für mehr als einen Treffer mindestens 90 % betragen soll?

Aufgabe 18: Verwenden Sie zur näherungsweisen Ermittlung der folgenden Wahrscheinlichkeiten die Wertetabellen zur Wahrscheinlichkeitsfunktion $B_{n;p}$ (siehe Anhang A) einer mit den Parametern $n \in \mathbb{N}$ und $p \in [0;1]$ binomialverteilten Zufallsvariable X:

a) $n = 2$, $p = 0{,}04$, $P(X = 1)$ \qquad b) $n = 2$, $p = 0{,}6$, $P(X = 2)$

c) $n = 3$, $p = 0{,}03$, $P(X = 2)$ \qquad d) $n = 3$, $p = 0{,}9$, $P(X = 1)$

e) $n = 4$, $p = \frac{1}{3}$, $P(X = 3)$ \qquad f) $n = 4$, $p = \frac{5}{6}$, $P(X = 3)$

g) $n = 5$, $p = 0{,}5$, $P(X = 4)$ \qquad h) $n = 5$, $p = 0{,}95$, $P(X = 1)$

i) $n = 6$, $p = 0{,}4$, $P(X = 3)$ \qquad j) $n = 6$, $p = 0{,}05$, $P(X = 1)$

k) $n = 7$, $p = 0{,}2$, $P(X = 2)$ \qquad l) $n = 8$, $p = 0{,}7$, $P(X = 6)$

m) $n = 9$, $p = \frac{1}{6}$, $P(X = 4)$ \qquad n) $n = 10$, $p = \frac{2}{3}$, $P(X = 8)$

o) $n = 15$, $p = \frac{5}{6}$, $P(X \geq 13)$ \qquad p) $n = 25$, $p = 0{,}3$, $P(4 \leq X \leq 8)$

Aufgabe 19: Verwenden Sie zur näherungsweisen Ermittlung der folgenden Wahrscheinlichkeiten die Wertetabellen zur Verteilungsfunktion $F_{n;p}$ (siehe Anhang B) einer mit den Parametern $n \in \mathbb{N}$ und $p \in [0;1]$ binomialverteilten Zufallsvariable X:

a) $n = 4$, $p = 0{,}1$, $P(X \leq 2)$ \qquad b) $n = 4$, $p = 0{,}7$, $P(X \leq 2)$

c) $n = 4$, $p = 0{,}3$, $P(X \geq 2)$ \qquad d) $n = 4$, $p = 0{,}4$, $P(1 \leq X \leq 3)$

e) $n = 8$, $p = \frac{1}{3}$, $P(X \leq 4)$ \qquad f) $n = 8$, $p = \frac{5}{6}$, $P(X \leq 6)$

g) $n = 8$, $p = 0{,}5$, $P(X < 6)$ \qquad h) $n = 8$, $p = 0{,}5$, $P(1 < X \leq 5)$

i) $n = 9$, $p = 0{,}3$, $P(X > 6)$ \qquad j) $n = 10$, $p = 0{,}7$, $P(X \geq 6)$

k) $n = 11$, $p = 0{,}03$, $P(X \leq 7)$ \qquad l) $n = 12$, $p = 0{,}8$, $P(4 < X < 10)$

m) $n = 15$, $p = 0{,}96$, $P(10 \leq X \leq 12)$ \qquad n) $n = 20$, $p = 0{,}4$, $P(X \leq 12)$

o) $n = 50$, $p = 0{,}96$, $P(X = 46)$ \qquad p) $n = 50$, $p = 0{,}5$, $P(20 \leq X \leq 30)$

Aufgabe 20: Die Zufallsvariable X sei binomialverteilt mit $n = 20$ und $p = 0{,}4$. Bestimmen Sie (vorzugsweise mithilfe der zu dieser Verteilung zugehörigen Wertetabelle in Anhang A) die folgenden Wahrscheinlichkeiten auf vier Nachkommastellen gerundet:

a) $P(X = 6)$

b) $P(X < 6)$

c) $P(X \leq 6)$

d) $P(X > 6)$

e) $P(X \geq 11)$

f) $P(4 < X < 10)$

g) $P(4 \leq X \leq 10)$

h) $P(4 < X \leq 10)$

Aufgabe 21: Die Zufallsvariable X sei binomialverteilt mit $n = 100$ und $p = 0{,}7$. Bestimmen Sie (vorzugsweise mithilfe der zu dieser Verteilung zugehörigen Wertetabelle in Anhang B) die folgenden Wahrscheinlichkeiten auf vier Nachkommastellen gerundet:

a) $P(X > 75)$

b) $P(X \leq 60)$

c) $P(65 < X \leq 85)$

d) $P(X \geq 80)$

e) $P(X \geq 55)$

f) $P(X < 50)$

g) $P(70 \leq X \leq 90)$

h) $P(X = 65)$

Aufgabe 22: Sei X eine mit den Parametern $n \in \mathbb{N}$ und $p \in [0; 1]$ binomialverteilte Zufallsvariable. Verwenden Sie zur näherungsweisen Berechnung der folgenden Wahrscheinlichkeiten eine geeignete Computersoftware wie zum Beispiel Octave oder MATLAB.

a) $n = 53$, $p = 0{,}23$, $P(X = 13)$

b) $n = 234$, $p = 0{,}84$, $P(X = 199)$

c) $n = 19$, $p = 0{,}47$, $P(X \leq 7)$

d) $n = 114$, $p = 0{,}63$, $P(25 < X \leq 85)$

e) $n = 312$, $p = \frac{3}{7}$, $P(X = 156)$

f) $n = 202$, $p = \frac{6}{11}$, $P(X < 113)$

Aufgabe 23: Eine verbeulte Münze mit der Wahrscheinlichkeit $p = 0{,}4$ für „Kopf" wird zehnmal geworfen. Mit welcher Wahrscheinlichkeit fällt

a) in den ersten drei Würfen „Kopf" und in den restlichen „Zahl"?
b) nur im 5. und 10. Wurf „Kopf"?
c) höchstens dreimal „Kopf"?
d) in den ersten drei Würfen jedesmal „Zahl", insgesamt aber viermal „Kopf"?

Aufgabe 24: In einer Schokoladengroßfabrik werden jeweils fünf gleiche Hohlkörperschokoladenfiguren gemeinsam in einem Karton verpackt. Aus Erfahrung ist bekannt, dass rund 2 % aller Figuren während des Verpackens zu Bruch gehen.

a) Mit welcher Wahrscheinlichkeit enthält ein Fünferpack mehr zerbrochene als ganze Figuren? Wie viele von 10000 Fünferpacks sind betroffen?

b) Mit welcher Wahrscheinlichkeit sind in 4 von 5 Fünferpackungen nur einwandfreie Figuren enthalten? *Hinweise: Beantworten Sie zuerst die Frage: Auf welches Objekt bezieht sich das zugrunde liegende Bernoulli-Experiment dieser Bernoulli-Kette? Runden Sie die hierfür gültige Trefferwahrscheinlichkeit auf eine Nachkommastelle.*

Aufgabe 25: Heinz würfelt 10-mal in unabhängiger Folge mit einem echten Würfel. Jedes Mal, wenn Heinz eine Sechs würfelt, wirft Ida eine ideale Münze („Wappen" oder „Zahl"). Eine Zufallsvariable zählt dabei die „Doppeltreffer" der Form „Sechs/Wappen". Warum ist dies eine Bernoulli-Kette und welche Verteilung besitzt sie?

Aufgabe 26: Ein Glücksrad hat drei gleich große Sektoren mit den Symbolen Kreis, Kreuz und Stern. Es wird viermal gedreht. Wie groß ist die Wahrscheinlichkeit für das Eintreten der folgenden Ereignisse?

a) A: Es tritt genau dreimal Stern auf.

b) B: Es tritt mindestens dreimal Stern auf.

c) C: Es tritt höchstens einmal Stern auf.

d) D: Es tritt höchstens dreimal Stern auf.

Aufgabe 27: Bei Kinderüberraschungseiern wird mit dem Spruch „*Sammlerfigur in jedem siebentem Ei*" geworben. Zur Überprüfung dieser Behauptung wird eine Stichprobe von 25 Überraschungseiern untersucht und vorab die folgenden Fragen beantwortet:

a) Wie viele Figuren sind in dieser Stichprobe zu erwarten? Wie groß ist die Wahrscheinlichkeit, dass exakt so viele Figuren enthalten sind wie erwartet?

b) Wie groß ist die Wahrscheinlichkeit dafür, dass mindestens zwei Figuren enthalten sind?

c) Wie groß ist die Wahrscheinlichkeit dafür, dass maximal 23 Figuren enthalten sind?

Aufgabe 28: Die Anwohner einer Ortsdurchfahrt beklagen sich über vorbeirasende Autos. Daher wurde untersucht, welcher Anteil p der Autofahrer die Geschwindigkeitsbeschränkung überschreitet. Im Berufsverkehr wurde ermittelt, dass 20 % die Geschwindigkeit nicht einhalten. Außerdem wurde festgestellt, dass die Autofahrer unabhängig voneinander die Geschwindigkeitsbeschränkung entweder einhalten oder nicht einhalten. Bestimmen Sie die Wahrscheinlichkeit dafür, dass im Berufsverkehr unter zehn vorbeifahrenden Autos

a) genau sieben nicht zu schnell fahren.
b) nur das vierte und das siebente Auto die zugelassene Höchstgeschwindigkeit überschreiten.
c) die ersten drei Autos die Geschwindigkeitsbeschränkung einhalten, trotzdem aber genau zwei Autos zu schnell fahren.
d) mehr als fünf Autos zu schnell fahren.

Aufgabe 29: Erfahrungsgemäß werden im Mittel 5 % der von einem Hersteller gelieferten Fahrradklingeln aufgrund von Mängeln zurückgegeben. Für jede zurückgegebene Klingel entsteht dem Hersteller ein Verlust von 0,80 €, für jede nicht zurückgegebene Klingel ein Gewinn von 1,20 €. Mit welcher Wahrscheinlichkeit erzielt der Hersteller bei einer Lieferung von 200 Fahrradklingeln einen Gesamtgewinn von 210 €?

Aufgabe 30: Bei einem Zulieferbetrieb der Schienenfahrzeugindustrie werden pro Tag 40 Drehgestelle für Güterwagen produziert. Eine Qualitätskontrolle hat ergeben, dass 15 % der Drehgestelle bei der ersten Prüfung schwere Mängel aufweisen. Das Prüfen geht im Dreischichtbetrieb über den gesamten Tag, wobei nur alle drei Stunden ein Drehgestell geprüft werden kann.

a) Wie viele defekte Drehgestelle sind im Mittel an einen Tag zu erwarten?
b) Berechnen Sie die Wahrscheinlichkeit für die folgenden Ereignisse:

  A: Von allen am Tag geprüften Drehgestellen sind genau zwei defekt.
  B: Von allen am Tag geprüften Drehgestellen ist keines defekt.
  C: Von allen am Tag geprüften Drehgestellen ist mindestens eines defekt.
  D: Alle als defekt erwarteten Drehgestelle sind an diesem Tag tatsächlich defekt.

Aufgabe 31: Von einer großen Ladung Apfelsinen sind 20 % verdorben. Es werden willkürlich 5 Stück entnommen. Wie groß ist die Wahrscheinlichkeit für die folgenden Ereignisse?

a) A: In der Stichprobe ist genau eine Apfelsine verdorben.
b) B: In der Stichprobe sind alle Apfelsinen in Ordnung.
c) C: Mindestens zwei Apfelsinen sind verdorben.

Aufgabe 32: In einer Kiste sind 100 Apfelsinen, von denen 20 % verdorben sind. Es werden willkürlich 5 Stück entnommen. Wie groß ist die Wahrscheinlichkeit für die folgenden Ereignisse?

a) A: In der Stichprobe ist genau eine Apfelsine verdorben.
b) B: In der Stichprobe sind alle Apfelsinen in Ordnung.
c) C: Mindestens zwei Apfelsinen sind verdorben.

Aufgabe 33: Eine Dose Thunfischfilet hat laut Herstellerangaben ein Abtropfgewicht von 100 Gramm. In der Regel wird diese Inhaltsangabe durch die Abfüllanlage exakt eingehalten. Durch einen technischen Defekt kommt es zu Problemen, in deren Folge sich in einem Karton mit insgesamt 65 Dosen 12 Dosen befinden, die ein Abtropfgewicht zwischen 65 und 80 Gramm aufweisen. Da alle anderen Dosen der Norm entsprechen, gelangt der Karton trotzdem in den Handel, in der Hoffnung, dass die Kunden den Fehler nicht bemerken. In der ersten Verkaufsstunde entnehmen 10 verschiedene Kunden jeweils eine Dose aus dem Karton. Wie groß ist die Wahrscheinlichkeit, dass von den 10 verkauften Dosen

a) genau 2,
b) genau 1,
c) keine,
d) höchstens 2 bzw.
e) mindestens 2

Dosen weniger als 100 Gramm Abtropfgewicht aufweisen? Wie viele „Mogeldosen" sind unter 10 verkauften Dosen im Mittel zu erwarten?

Aufgabe 34: Eine der bekanntesten Anwendungen der hypergeometrischen Verteilung ist die Berechnung der Wahrscheinlichkeit, beim Zahlenlotto *6 aus 49* einen oder mehrere „Treffer" zu erhalten. In einem Ziehungsgerät befinden sich dabei 49 mit den Zahlen 1 bis 49 durchnummerierte Kugeln. Davon werden nacheinander nach jeweils guter Durchmischung ohne Zurücklegen 6 Kugeln gezogen. Ein Lotterieteilnehmer kreuzt auf einem Tippschein pro Tippreihe ebenfalls 6 verschiedene Zahlen zwischen 1 und 49 an. Nach der Ziehung zählt der Teilnehmer für jede Tippreihe die Anzahl k der „Treffer",

d. h., $k \in \{0; 1; \ldots; 6\}$ der gezogenen Zahlen finden sich auch in der Tippreihe wieder.

a) Begründen Sie, warum die Trefferanzahl hypergeometrisch verteilt ist.

b) Berechnen Sie die Wahrscheinlichkeit, auf einer Tippreihe $k \in \{2; 3; 4; 5; 6\}$ Treffer zu erhalten.

c) Wie groß ist die Wahrscheinlichkeit, auf einer Tippreihe mindestens 4 Treffer zu erhalten?

d) Wie viele Treffer sind im Mittel pro Tippreihe zu erwarten?

Aufgabe 35: Ein Küchengroßhändler erhält eine Lieferung von 500 Kühlschränken. Aus vielen vorherigen Lieferungen ist bekannt, dass durchschnittlich 5 von 100 Geräten defekt sind. Der Händler sendet gemäß den Vereinbarungen mit dem Hersteller die gesamte Lieferung zurück, wenn mindestens 30 defekte Geräte dabei sind. Wie groß ist die Wahrscheinlichkeit, dass die Lieferung zurückgesendet wird?

Aufgabe 36: Eine Umfrage ergab, dass ein Viertel aller Einwohner einer Stadt täglich mit dem Fahrrad fährt. Sei X die Anzahl aller täglich mit dem Fahrrad fahrenden Menschen unter 1200 zufällig ausgewählten Einwohnern der Stadt. Mit welcher Wahrscheinlichkeit befinden sich in der Stichprobe

a) genau 280 täglich radelnde Einwohner,

b) nicht mehr als 310 täglich radelnde Einwohner bzw.

c) mehr als 270, aber höchstens 330 täglich radelnde Einwohner?

Aufgabe 37: Eine Umfrage an einer Hochschule ergab, dass ein Drittel aller Studierenden im dritten Fachsemester noch nie in der Hochschulbibliothek ein gedrucktes Lehrbuch ausgeliehen hat und ausschließlich das Online-Angebot nutzt. Sei X die Anzahl der Papierlehrbuchverweigerer unter 110 zufällig ausgewählten Studierenden. Mit welcher Wahrscheinlichkeit befinden sich unter den 110 Studierenden genau 35 bzw. nicht mehr als 40 Papierlehrbuchverweigerer?

Aufgabe 38:

a) Was ändert sich bei der Lösung von Aufgabe 36, wenn zusätzlich bekannt ist, dass die Stadt insgesamt 8000 Einwohner hat und angenommen werden kann, dass alle Einwohner an der Umfrage teilgenommen haben?

b) Was ändert sich bei der Lösung von Aufgabe 37, wenn zusätzlich bekannt ist, dass insgesamt 900 Studierende im dritten Fachsemester eingeschrieben sind, die alle an der Umfrage teilgenommen haben?

Aufgabe 39: Die Zufallsvariable X sei binomialverteilt mit den Parametern $n \in \mathbb{N}$ und $p = \frac{1}{6}$.

a) Berechnen Sie die Wahrscheinlichkeit $P(8 \leq X \leq 15)$ für $n = 90$ bzw. $n = 30$ jeweils exakt.

b) Verifizieren Sie, dass für $n = 90$ die Voraussetzungen (Faustregel) zur Approximation der Binomialverteilung durch die Normalverteilung erfüllt sind. Berechnen Sie $P(8 \leq X \leq 15)$ näherungsweise mit der Normalverteilung ohne bzw. mit Stetigkeitskorrektur. Vergleichen Sie die beiden Ergebnisse miteinander.

c) Verifizieren Sie, dass für $n = 30$ die Voraussetzungen (Faustregel) zur Approximation der Binomialverteilung durch die Normalverteilung *nicht* erfüllt sind. Erhält man trotzdem gute Näherungswerte, wenn $P(8 \leq X \leq 15)$ näherungsweise mit der Normalverteilung und unter Berücksichtigung der Stetigkeitskorrektur berechnet wird?

Aufgabe 40: Ein Hochschullehrer hat zu Beginn seiner Lehrtätigkeit 40 verschiedene Übungsaufgaben zu einer Lerneinheit vorbereitet. Jedes Jahr wählt er davon zufällig eine Aufgabe als Hausaufgabe aus und legt sie dann zu seiner Sammlung zurück. Wie groß ist die Wahrscheinlichkeit dafür, dass die allererste von ihm ausgewählte Übungsaufgabe

a) im darauffolgenden Jahr,
b) nach genau drei Jahren,
c) nach genau 20 Jahren,
d) nach frühestens 21 Jahren bzw.
e) innerhalb der nächsten fünf Jahre

erneut als Hausaufgabe gestellt wird?

Aufgabe 41: Die Wahrscheinlichkeit, dass eine neue Straßenlaterne beim Einschalten defekt wird, beträgt $\frac{1}{500}$. Dabei kann angenommen werden, dass sich die Einschaltvorgänge gegenseitig nicht beeinflussen, d. h., zurückliegende Einschaltvorgänge haben keinen Einfluss auf den Einschaltvorgang des aktuellen Tages. Der Hersteller hat mindestens 1200 Einschaltvorgänge ohne Defekt zugesichert, erst danach müssen Wartungsarbeiten durchgeführt werden.

a) Kann man dem Versprechen des Herstellers (rechnerisch) vertrauen? Beantworten Sie diese Frage mithilfe von zwei verschiedenen Zahlenwerten.

b) Wie groß ist die Wahrscheinlichkeit, dass ein Defekt innerhalb der ersten 1200 Einschaltvorgänge auftritt?

c) Wie groß darf die Wahrscheinlichkeit für das Eintreten eines Defekts höchstens sein, damit eine neue Straßenlaterne mit einer Wahrscheinlichkeit von mindestens 95 Prozent über mindestens 2000 Einschaltvorgänge hinweg ohne Defekt zuverlässig ihren Dienst verrichtet?

d) Die Wahrscheinlichkeit für einen Defekt betrage $\frac{1}{10000}$. Wie häufig kann man eine neue Straßenlaterne mindestens einschalten, damit der erste Defekt mit einer Wahrscheinlichkeit von rund 90 Prozent frühestens zu oder nach diesem Zeitpunkt auftritt?

Aufgabe 42: Wie oft muss ein idealer Würfel mindestens geworfen werden, damit mit einer Wahrscheinlichkeit von mindestens 90 Prozent mindestens eine 5 oder 6 gewürfelt wird?

Aufgabe 43: Beim Bogenschießen hat ein Schütze mithilfe einer selbst geführten Langzeitstatistik ermittelt, dass er mit einer Wahrscheinlichkeit von $\frac{4}{7}$ in die schwarz gekennzeichnete Mitte der Zielscheibe trifft. Da der Schütze in der Regel einfach auf gut Glück schießt, kann angenommen werden, dass aufeinander folgende Versuche voneinander unabhängig sind. Wie groß ist die Wahrscheinlichkeit, dass der Schütze bei acht Zielversuchen dreimal „ins Schwarze" trifft, sodass auch der letzte Versuch ein Erfolg ist?

Aufgabe 44: Nach einer Herzoperation muss ein Patient über viele Monate hinweg ein Medikament einnehmen, dass die Gerinnungsfähigkeit des Bluts verringert (Gerinnungshemmer). Leider ist der Patient etwas zerstreut und vergisst hin und wieder die Einnahme von Medikamenten. Die Einnahme des Gerinnungshemmers vergisst er mit einer Wahrscheinlichkeit von 0,35. Wie groß ist die Wahrscheinlichkeit, dass der Patient

a) am Sonntag zum vierten Mal in der zu Ende gehenden Woche bzw.

b) am letzten Apriltag zum 12-ten Mal im April

die Einnahme des Gerinnungshemmers vergessen hat?

Aufgabe 45: Nach einer längeren Beobachtung stellte der Chef eines kleinen Unternehmens fest, dass seine Sekretärin durchschnittlich in jeder Woche (mit fünf Arbeitstagen) zwei Tage wegen Krankheit fehlte. Wie wahrscheinlich ist es aufgrund dieser Feststellung, dass die Sekretärin

a) fünf aufeinander folgende Arbeitstage zur Arbeit erscheint und am darauf folgenden sechsten Arbeitstag wieder krank wird?

b) höchstens zwei volle Arbeitswochen zur Arbeit erscheint und erst danach wieder krank wird?

c) während einer ganzen Arbeitswoche nur an genau zwei Tagen wegen Krankheit fehlt?

d) während einer ganzen Arbeitswoche mindestens an zwei Tagen wegen Krankheit fehlt?

e) während ihres nächsten Urlaubs von 10 Arbeitstagen nicht krank wird?

f) während ihres nächsten Urlaubs von 10 Arbeitstagen frühestens am vierten Urlaubstag krank wird?

g) am letzten Tag eines Monats mit 23 Arbeitstagen bereits den elften Krankheitstag im zu Ende gehenden Monat vorzuweisen hat?

Aufgabe 46: Die beiden unterschiedlich gut trainierten Hobbysportler Heinz und Werner treten im 100-Meter-Hürdenlauf gegeneinander an. Aus vielen Wettkämpfen ist bekannt, dass Heinz mit der Wahrscheinlichkeit 0,7 gegen Werner gewinnt. Die Wahrscheinlichkeit, dass der Lauf zwischen beiden unentschieden ausgeht, beträgt 0,1, und die Wahrscheinlichkeit, dass Heinz verliert, beträgt 0,2.

a) Wie wahrscheinlich ist es, dass Heinz von zehn Hürdenläufen gegen Werner sechs siegreich für sich entscheiden kann und keiner für ihn verloren geht?

b) Wie wahrscheinlich ist es, dass Heinz von zehn Hürdenläufen gegen Werner acht siegreich für sich entscheiden kann und zwei für ihn verloren gehen?

c) Wie wahrscheinlich ist es, dass Werner von zehn Hürdenläufen gegen Heinz nur drei siegreich für sich entscheiden kann, zwei unentschieden ausgehen und fünf für ihn verloren gehen?

d) Wie groß ist die Wahrscheinlichkeit, dass Werner zehn von zehn Läufen verliert?

Aufgabe 47: In einem Sportverein treffen sich jeden Dienstag und in jeder Woche 43 Personen zum gemeinsamen Kampf gegen chronischen Bewegungsmangel. Davon kommen 14 Personen aus dem Ort *A*, in dem auch die Sporthalle steht, 11 kommen aus dem am nächsten gelegenen Nachbarort *B*, 6 kommen aus dem zu *B* benachbarten Ort *C* und die restlichen Personen kommen aus einem im Nachbarkreis liegenden Ort *D*. Nach jedem Treffen wird zufällig eine Person ausgelost, die die Sporthalle aufräumen und säubern muss. Wie groß ist die Wahrscheinlichkeit, dass

a) innerhalb von 12 aufeinanderfolgenden Wochen drei Personen aus Ort *A*, vier Personen aus Ort *B*, zwei Personen aus Ort *C* und drei Personen aus Ort *D* aufräumen müssen?

b) innerhalb von 8 beliebig betrachteten Wochen aus jedem Ort die gleiche Anzahl von Personen aufräumen muss?

c) über ein Jahr (52 Wochen) hinweg von den aufräumenden Personen 14 Personen aus Ort *A*, 16 Personen aus Ort *C* und die restlichen Personen aus den anderen beiden Orten kommen?

d) innerhalb von 15 Wochen die aufräumende Person fünfmal aus Ort *A* kommt?

e) am Ende eines Zeitraums von 20 Wochen zum insgesamt siebenten Mal eine Person aus Ort *A* zum Aufräumdienst ausgelost wird?

f) in der vierten Kalenderwoche eine Person aus Ort *A* zum ersten Mal im laufenden Jahr aufräumen muss?

Aufgabe 48: In einer Urne befinden sich 20 rote, 45 grüne, 60 blaue und 75 weiße Kugeln, die abgesehen von ihrer Farbe alle die gleichen Eigenschaften (Gewicht, Größe, Material usw.) haben. Nach jeweils guter Durchmischung werden rein zufällig 30 Kugeln mit Zurücklegen gezogen. Es sei R, G, B bzw. W die Anzahl gezogener roter, grüner, blauer bzw. weißer Kugeln. Welche Wahrscheinlichkeitsverteilungen besitzen

a) der Zufallsvektor (R, G, B, W),
b) der Zufallsvektor $(R, G+B, W)$,
c) der Zufallsvektor $(R+G, B+W)$,
d) der Zufallsvektor $(R+G+B, W)$ und
e) die Zufallsvariable $R+G+B$?

Geben Sie außerdem jeweils die Parameterwerte der Verteilungen an.

Aufgabe 49: Sei X eine mit den Parametern n und p binomialverteilte Zufallsvariable. Approximieren Sie die folgenden Wahrscheinlichkeiten näherungsweise mithilfe der Poisson-Verteilung:

a) $P(X = 5)$, $P(X = 10)$ und $P(X \leq 2)$ für $n = 100$ und $p = 0{,}05$.
b) $P(X = 3)$, $P(X = 4)$ und $P(X \leq 2)$ für $n = 50$ und $p = 0{,}02$.
c) $P(X = 0)$, $P(X = 1)$ und $P(X > 2)$ für $n = 200$ und $p = 0{,}03$.

Aufgabe 50: Im Büro des wegen seiner erfolglosen Arbeitsweise bekannten Privatdetektivs Fritjof Gänseklein wurde in den letzten 175 Tagen (25 Wochen) nur ein einziges Mal angerufen. Deshalb kann angenommen werden, dass die Anzahl der pro Woche im Büro der Detektei eingehenden Anrufe mit dem Parameter $\lambda = \frac{1}{25} = 0{,}04$ Poisson-verteilt ist. Berechnen Sie die Wahrscheinlichkeit für

a) keinen Anruf,
b) einen Anruf bzw.
c) höchstens zwei Anrufe

innerhalb einer Woche, und zwar einmal nach dem Ansatz der Poisson-Verteilung und einmal nach dem Ansatz der Binomialverteilung.

Aufgabe 51: Eine Gruppe von zufällig ausgewählten Jugendlichen wurde danach befragt, wie viele (verschiedene) Haustiere sie in ihrem Leben bisher in Pflege hatten oder haben. Das Ergebnis dieser Umfrage ist in der folgenden Tabelle zusammengefasst:

Anzahl k der Haustiere	0	1	2	3	4
Anzahl Personen z_k	109	65	22	3	1

a) Berechnen Sie den empirischen Mittelwert $\overline{k}$ der gepflegten Haustiere.
b) Können die Daten durch eine Poisson-Verteilung mit $\lambda = \overline{k}$ beschrieben werden?

Aufgabe 52: Eine Schule wird von 917 Schülern besucht. Während der Sommerferien sortiert die gelangweilte Schulsekretärin alle Schüler und zählt, wie viele Tage es gibt, an denen genau k Schüler am gleichen Tag Geburtstag haben. Das Ergebnis hat die Sekretärin in der folgenden Tabelle notiert:

k	0	1	2	3	4	5	6	7	8	9	10
Anzahl Tage t_k	38	81	92	75	42	31	8	3	2	1	1

Berechnen Sie die Wahrscheinlichkeiten, dass $k \in \{0; 1; 2; \ldots; 10\}$ Schüler am gleichen Tag Geburtstag haben nach der Binomialverteilung bzw. nach der Poisson-Verteilung und vergleichen Sie mit den relativen Häufigkeiten.

Aufgabe 53: In einem Kinosaal befinden sich 225 Personen. Berechnen Sie die Wahrscheinlichkeit dafür, dass mindestens zwei Personen im Kinosaal heute Geburtstag haben. Nutzen Sie für die Berechnung einerseits die Binomialverteilung, und andererseits die Poisson-Verteilung.

Aufgabe 54: Ein Eisenbahnunternehmen betreibt eine Fernzugverbindung und verkauft die Fahrscheine dafür ausschließlich vorab Online oder per Telefon, was eine Platzreservierung mit Sitzplatzgarantie einschließt. Erfahrungsgemäß erscheinen 2,55 % aller Fahrgäste, die Fahrscheine und damit Plätze reservieren, nicht zur Abfahrt. Dem Bahnunternehmen ist das bestens bekannt und deshalb verkauft es 210 Fahrscheine für die 205 zur Verfügung stehenden Plätze. Es sei angenommen, dass alle 210 Fahrscheine verkauft wurden.

a) Berechnen Sie die Wahrscheinlichkeit dafür, dass alle Fahrgäste einen Sitzplatz bekommen so exakt wie möglich.
b) Berechnen Sie die Wahrscheinlichkeit für das in a) genannte Ereignis näherungsweise mithilfe der Poisson-Verteilung sowie mit der Normalverteilung. Welche der beiden Wahrscheinlichkeitsverteilungen liefert die besseren Ergebnisse?

4.2 Lösungen

Lösung 1:

a) $\Omega = \{1, 2, 3, 4, 5, 6, 7\}$
b) $\Omega = \{3, 4, 5, 6, 7, 8, 9, 10, 11, 12, 13\}$
c) $\Omega = \{2, 3, 4, 5, 6, 7, 8, 10, 12, 14, 15, 18, 20, 21, 24, 28, 30, 35, 42\}$

Lösung 2: Grundsätzlich ist zwischen zwei Möglichkeiten zu unterscheiden, nämlich dass die Scheibe getroffen oder nicht getroffen wurde. In diesem einfachsten Fall erhält man die Ergebnismenge

$$\Omega = \{\text{Scheibe getroffen}, \text{Scheibe nicht getroffen}\}.$$

Wird die Scheibe getroffen, so kann man unterscheiden, ob die Mitte, der Rand oder einer der Kreissektoren getroffen wurde. Diese Überlegung liefert

$$\Omega = \{\text{Mitte, Sektor, Rand, daneben}\}.$$

Dies lässt sich weiter verfeinern, denn der Mitte und den Sektoren sind konkrete Punktzahlen zugeordnet. Eine dritte Möglichkeit ist damit

$$\Omega = \{1, 2, 3, 4, 5, 6, 10, \text{Rand, daneben}\}.$$

Lösung 3: In einer Ergebnismenge müssen (mindestens) alle der vier sich zur Wahl stellenden Parteien A, B, C und D in geeigneter Weise vorkommen. Deshalb können Ω_1, Ω_4 und Ω_5 als Ergebnismengen verwendet werden, denn: Bei Ω_1 ist dies offensichtlich. Das in Ω_4 genannte Ereignis „sonstige" lässt offen, ob der Wähler B, C oder D wählen würde. Analog umfasst das Ereignis „weder A noch D" in Ω_5 die Möglichkeit, dass der Wähler B oder C wählt. Dagegen kann Ω_2 nicht als Ergebnismenge verwendet werden, da das mögliche Ergebnis D fehlt. Auch Ω_3 ist keine Ergebnismenge, da hier C und D fehlen.

Lösung 4: Es gilt $A = \{2; 4; 6\}, B = \{3; 6\}$ und $C = \{1\}$. Die Mengen für die gesuchten Ereignisse können leicht mit den Regeln der elementaren Mengenlehre ermittelt werden.

a) $A \cap B = \{6\}$
Es wird eine 6 gewürfelt.

b) $A \cup B = \{2; 3; 4; 6\}$
Es wird eine gerade oder eine durch 3 teilbare Zahl gewürfelt.

c) $A \setminus B = \{2; 4\}$
Es wird eine gerade, aber nicht durch 3 teilbare Zahl gewürfelt.

d) $A \cap C = \emptyset$, d. h., A und B sind unvereinbare Ereignisse.

e) $\overline{C} = \{2; 3; 4; 5; 6\}$

f) $B \setminus A = \{3\}$

g) $\overline{A} \cap \overline{B} = \overline{A \cup B} = \{1; 5\}$

h) $\overline{A \cap B} = \overline{A} \cup \overline{B} = \{1; 2; 3; 4; 5\}$

Lösung 5: Bei allen Ziehungen handelt es sich um Laplace-Experimente, d. h., die Wahrscheinlichkeit für ein Ereignis wird gemäß Formel (0.5) berechnet. Insgesamt möglich sind hier $3 \cdot 6 = 18$ Kugeln. Die Großbuchstaben A bis G bezeichnen jeweils das in den Aufgabenteilen a) bis g) beschriebene Ereignis.

a) 6 Kugeln sind rot, d. h. $P(A) = \frac{6}{18} = \frac{1}{3}$.

b) 9 Kugeln tragen gerade Nummern, d. h. $P(B) = \frac{9}{18} = \frac{1}{2}$.

c) $P(C) = \frac{12}{18} = \frac{2}{3}$

d) $P(D) = \frac{15}{18} = \frac{5}{6}$

e) $P(E) = \frac{2}{18} = \frac{1}{9}$

f) Dazu zählen die 6 roten Kugeln, und unter den blauen und gelben Kugeln gibt es jeweils zwei Kugeln, deren Nummer durch 3 teilbar ist. Insgesamt gibt es also 10 für das Ereignis F mögliche Kugeln, d. h. $P(F) = \frac{10}{18} = \frac{5}{9}$.

g) 12 Kugeln sind nicht rot, und unter den roten Kugeln gibt es 3 Kugeln mit gerader Nummer, also insgesamt 15 Möglichkeiten, d. h. $P(G) = \frac{15}{18} = \frac{5}{6}$.

Lösung 6: Wir ergänzen die in der Aufgabenstellung gegebene Tabelle durch die Zeilen- und Spaltensummen:

	Frauen	Männer	Σ
positiv	3	19	22
negativ	257	221	478
Σ	260	240	500

Damit können wir die Wahrscheinlichkeiten der Ereignisse berechnen. Wir bezeichnen die entsprechenden Ereignisse gemäß der jeweiligen Teilaufgabe a), b), c) bzw. d) als A, B, C bzw. D.

a) Von 500 Mitarbeitern sind 260 Frauen, d. h. $P(A) = \frac{260}{500} = \frac{13}{25} = 0{,}52$.

b) Von 500 Mitarbeitern sind 22 positiv getestet, d. h. $P(B) = \frac{22}{500} = 0{,}044$.

c) Unter 22 positiv Getesteten sind 3 Frauen, d. h. $P(C) = \frac{3}{22} \approx 0{,}1364$.

d) Von 240 Männern sind 19 positiv getestet, d. h. $P(D) = \frac{19}{240} \approx 0{,}0792$.

Lösung 7: Es handelt sich jeweils um Permutationen von $n \in \mathbb{N}$ unterscheidbaren Objekten ohne Wiederholung. Wir berechnen die folgenden Anzahlen:

a) $4! = 24$ b) $6! = 720$ c) $10! = 3628800$

Lösung 8: In allen Teilaufgaben handelt es sich um die Anordnung von $n = n_1 + n_2 + \ldots + n_j$ Objekten, wobei $n_1, \ldots, n_j \in \mathbb{N}$, $j \in \mathbb{N}$, jeweils nicht unterscheidbar sind. Folglich ist die Anzahl der Permutationen mit Wiederholung zu bestimmen.

a) $\frac{12!}{6! \cdot 2! \cdot 1! \cdot 2! \cdot 1!} = 166320$

b) Hier müssen wir die Wagen der 2. Klasse als eine Einheit betrachten, also gibt es $\frac{7!}{1! \cdot 2! \cdot 1! \cdot 2! \cdot 1!} = 1260$ Möglichkeiten.

c) Hier müssen wir jeweils drei Wagen der 2. Klasse als eine Einheit betrachten, also gibt es $\frac{8!}{2! \cdot 2! \cdot 1! \cdot 2! \cdot 1!} = 5040$ Möglichkeiten.

Lösung 9:

a) Variationen ohne Wiederholung: $\frac{5!}{(5-3)!} = 60$

b) Variationen mit Wiederholung: $5^3 = 125$

Lösung 10:

a) Es gibt $\binom{25}{5} = 53130$ verschiedene Möglichkeiten.

b) Drei der Geräte sind aus der Teilmenge der 21 fehlerfreien Geräte. Zu deren Auswahl gibt es $\binom{21}{3} = 1330$ Möglichkeiten. Die restlichen zwei Geräte sind fehlerhaft, zu ihrer Auswahl gibt es $\binom{4}{2} = 6$ Möglichkeiten. Insgesamt gibt es damit $1330 \cdot 6 = 7980$ verschiedene Möglichkeiten zur Wahl einer 5-elementigen Stichprobe mit genau zwei fehlerhaften Geräten.

c) Die Anzahl der Stichproben vom Umfang 5 mit *höchstens* einem fehlerhaften Gerät ist äquivalent zur Anzahl der Stichproben vom Umfang 5, die kein oder genau ein fehlerhaftes Gerät enthalten. Wir erhalten insgesamt die folgende Anzahl möglicher Stichproben:

$$\underbrace{\binom{21}{5} \cdot \binom{4}{0}}_{\substack{\text{Stichproben mit} \\ \text{keinem defekten} \\ \text{Gerät}}} + \underbrace{\binom{21}{4} \cdot \binom{4}{1}}_{\substack{\text{Stichproben mit} \\ \text{genau einem} \\ \text{defekten Gerät}}} = 20349 \cdot 1 + 5985 \cdot 4 = 44289$$

d) Die Anzahl der Stichproben vom Umfang 5 mit *mindestens* einem fehlerhaften Gerät ist äquivalent zur Anzahl der Stichproben vom Umfang 5, die genau ein, zwei, drei oder vier fehlerhafte Geräte enthalten. Wir erhalten analog zu der Rechnung zu c) insgesamt die folgende Anzahl:

$$\binom{21}{4} \cdot \binom{4}{1} + \binom{21}{3} \cdot \binom{4}{2} + \binom{21}{2} \cdot \binom{4}{3} + \binom{21}{1} \cdot \binom{4}{4}$$

$$= 5985 \cdot 4 + 1330 \cdot 6 + 210 \cdot 4 + 21 \cdot 1 = 32781$$

Lösung 11: Die Anordnung der drei verschiedenen Buchstaben ist eine Variation ohne Wiederholung, d. h., es gibt $\frac{26!}{(26-3)!} = 24 \cdot 25 \cdot 26 = 15600$ Möglichkeiten. Die Auswahl von (möglicherweise gleichen) Ziffern ist eine Variation mit Wiederholung, wozu es $10^2 + 10^3 + 10^4$ Möglichkeiten gibt. Zu jeder Auswahl einer drei- bis vierstelligen Zahl gibt es 15600 Möglichkeiten, drei Buchstaben sowie eines der Sonderzeichen zu wählen, womit sich die folgende Gesamtanzahl der Möglichkeiten zur Wahl eines EDV-Passwortes ergibt:

$$3 \cdot 24 \cdot 25 \cdot 26 \cdot (10^2 + 10^3 + 10^4) = 519\,480\,000$$

Lösung 12:

a) Es ist möglich, dass ein Kunde in seinem Eisbecher zwei oder drei Kugeln der gleichen Sorte haben möchte. Es handelt sich also um ein Abzählproblem der Kombination mit Wiederholung, so dass es $\binom{20+3-1}{3} = \binom{22}{3} = 1540$ verschiedene Möglichkeiten gibt.

b) Jedes der unterscheidbaren $n \in \mathbb{N}$ Bücher aus einem Fachgebiet kann auf $n!$ verschiedene Arten angeordnet werden. Weiter können die vier Fachgebiete auf 4! Arten sortiert werden. Insgesamt gibt es damit die folgenden Aufstellungsmöglichkeiten:

$$5! \cdot 3! \cdot 2! \cdot 3! \cdot 4! = 207360$$

c) Die Reihenfolge der Auswahl ist unter den Mädchen und Jungen nicht wichtig, und jeder Schüler kann genau einmal ausgewählt werden. Bei der Auswahl der Mädchen und Jungen handelt es sich folglich um eine Kombination ohne Zurücklegen, d. h., es gibt $\binom{8}{6} = 28$ bzw. $\binom{12}{8} = 495$ Möglichkeiten, Mädchen bzw. Jungen auszuwählen. Insgesamt gibt es damit $\binom{8}{6} \cdot \binom{12}{8} = 13860$ Möglichkeiten zur Auswahl aus den Grundschülern.

Lösung 13:

a) Dies ist eine Bernoulli-Kette der Länge 10, da jeder einzelne Wurf ein Bernoulli-Experiment und voneinander unabhängig ist.

b) Dies ist keine Bernoulli-Kette, da jeder LED-Scheinwerfer eine andere Brenndauer hat, was zu verschiedenen Trefferwahrscheinlichkeiten führt. Kann man jedoch davon ausgehen, dass es sich um eine große Anzahl von Scheinwerfern handelt und die Wahrscheinlichkeiten, dass ein Scheinwerfer die Mindestbrenndauer erfüllt, bei allen Scheinwerfern näherungsweise gleich ist, dann kann dieser Versuch *näherungsweise* als Bernoulli-Kette der Länge 5 aufgefasst werden.

c) Dies ist eine Bernoulli-Kette der Länge 81, da alle Personen voneinander unabhängig ausgewählt werden. Jedes Individuum hat die gleiche Trefferwahrscheinlichkeit p, Blutgruppe A zu besitzen.

d) Da pro Person mehr als zwei Ergebnisse (Blutgruppe) möglich sind, ist die Betrachtung einer einzelnen Person kein Bernoulli-Experiment. Folglich ist die Betrachtung von 81 Personen keine Bernoulli-Kette.

e) Die Antwort hängt von der nicht bekannten Fragestellung hinter dem 10-maligen Würfelwurf ab. Soll nur zwischen den Ereignissen „Sechs" und „keine Sechs" unterschieden werden, dann liegt eine Bernoulli-Kette mit $n = 10$ und $p = \frac{1}{5}$ vor.

f) Dies ist eine Bernoulli-Kette der Länge 10. Statt 10 Münzen gleichzeitig zu werfen, kann eine Münze auch zehnmal geworfen werden, denn die Durchführungen sind voneinander unabhängig (alle Münzen sind gleich).

g) Dies ist eine Bernoulli-Kette der Länge 10, da alle zehn Würfe mit der gleichen Münze durchgeführt werden. Dabei kann p die Wahrscheinlichkeit für „Zahl" sein, und da die Münze verbeult ist, kann von $p \neq 0{,}5$ ausgegangen werden.

h) Dies ist keine Bernoulli-Kette, da jede Münze unterschiedlich verbeult ist. Im Vergleich zu Aufgabenteil g) kann man dieses Experiment also nicht dadurch ersetzen, eine der zehn Münzen zehnmal zu werfen.

i) Das ist keine Bernoulli-Kette, denn die Trefferwahrscheinlichkeit ist für jeden Spieler in der Regel verschieden.

Lösung 14:

a) $n = 4, p = \frac{1}{6}$ b) $n = 5, p = 0{,}1$ c) $n = 20, p = 0{,}93$

d) $n = 15, p = 0{,}03$ e) $n = 10, p = \frac{1}{60}$

Lösung 15: Die Zufallsvariable X beschreibe die Anzahl der Patienten mit einer Besserung nach der Medikamenteneinnahme. Die Trefferwahrscheinlichkeit dieser Bernoulli-Kette der Länge $n = 6$ ist $p = 0{,}7$. Damit gilt:

$$P(X \geq 3) = \sum_{k=3}^{6} P(X = k) = \sum_{k=3}^{6} \binom{6}{k} \cdot 0{,}7^k \cdot 0{,}3^{6-k} \approx 0{,}9295$$

Mit einer Wahrscheinlichkeit von rund 93 % wird sich der Zustand bei mindestens der Hälfte der Patienten bessern.

Lösung 16:

a) Die Zufallsvariable X zähle die angebrochenen Eier in einer Packung. Für die Bernoulli-Kette der Länge $n = 12$ gilt $p = \frac{1}{12}$. Wir berechnen

$$P(X = 0) = \binom{12}{0} \cdot \left(\frac{1}{12}\right)^0 \cdot \left(\frac{11}{12}\right)^{12} = \left(\frac{11}{12}\right)^{12} \approx 0{,}352 \,,$$

d. h., mit einer Wahrscheinlichkeit von rund 35 % enthält eine Packung nur gute Eier.

b) Wir berechnen

$$P(X \geq 2) = 1 - P(X \leq 1) = 1 - P(X = 0) - P(X = 1)$$
$$\approx 1 - 0{,}352 - 0{,}384 = 0{,}264 \,,$$

d. h., mit einer Wahrscheinlichkeit von rund 26 % enthält eine Schachtel zwei oder mehr angebrochene Eier.

c) Die Zufallsvariable Y beschreibe die Anzahl der Packungen mit nur unbeschädigten Eiern. Es handelt sich um eine Bernoulli-Kette der Länge $n = 10$, da es unerheblich ist, an welchen Kunden eine Packung verkauft wird (die Kunden sind unabhängig voneinander, genauso gut könnten zehn Packungen an einen Kunden verkauft werden). Aus a) folgt die Trefferwahrscheinlichkeit $p = P(X = 0) \approx 0{,}352$. Damit berechnen wir

$$P(Y = 2) = \binom{10}{2} \cdot 0{,}352^2 \cdot (1 - 0{,}352)^8 \approx 0{,}1733 \,,$$

d. h., mit einer Wahrscheinlichkeit von rund 17 % erhalten zwei Kunden je eine Schachtel mit nur guten Eiern.

Lösung 17: Die Zufallsvariable X zähle die Anzahl der Treffer. Wir berechnen:

$$P(X \geq 2) = 1 - P(X \leq 1) = 1 - P(X = 0) - P(X = 1)$$

$$= 1 - \binom{n}{0} \cdot \left(\frac{1}{2}\right)^0 \cdot \left(\frac{1}{2}\right)^n - \binom{n}{1} \cdot \left(\frac{1}{2}\right)^1 \cdot \left(\frac{1}{2}\right)^{n-1}$$

$$= 1 - \left(\frac{1}{2}\right)^n \cdot \left(\binom{n}{0} + \binom{n}{1}\right) = 1 - \frac{n+1}{2^n}$$

Mit dieser Formel berechnen wir:

n	2	3	4	5	6	7	8
$P(X \geq 2)$	0,25	0,5	0,69	0,81	0,89	0,94	0,96

Demzufolge muss die Bernoulli-Kette mindestens die Länge $n = 7$ haben.

Lösung 18:

a) 0,0768   b) 0,3600   c) 0,0026   d) 0,0270

e) 0,0988   f) 0,3858   g) 0,1563   h) 0,0000

i) 0,2765   j) 0,2321   k) 0,2752   l) 0,2965

m) 0,0391   n) 0,1951   o) 0,5322   p) 0,6437

Hinweis zu p): Es gilt $P(4 \leq X \leq 8) = P(X = 4) + P(X = 5) + \ldots + P(X = 8)$.

Lösung 19: Vor der Berechnung müssen einige Wahrscheinlichkeiten sorgfältig umgeformt werden, damit aus den Wertetabellen alle benötigten Zahlenwerte richtig ermittelt werden können. Das bedeutet beispielsweise:

g) $P(X < 6) = P(X \leq 5) = F_{8;0,5}(5)$

i) $P(X > 6) = P(X \geq 7) = 1 - P(X \leq 6) = 1 - F_{9;0,3}(6)$

l) $P(4 < X < 10) = P(X \leq 9) - P(X \leq 4) = F_{12;0,8}(9) - F_{12;0,8}(4)$

o) $P(X = 46) = P(X \leq 46) - P(X \leq 45) = F_{50;0,96}(46) - F_{50;0,96}(45)$

Auf diese Weise ermitteln wir die folgenden Wahrscheinlichkeiten:

a) 0,9963   b) 0,3483   c) 0,3483   d) 0,8448

e) 0,9121   f) 0,3953   g) 0,8555   h) 0,8203

i) 0,0043   j) 0,8497   k) 1,0000   l) 0,4411

m) 0,0203   n) 0,9790   o) 0,0902   p) 0,8811

Lösung 20:

a) 0,1244   b) 0,1256   c) 0,25   d) 0,75
e) 0,1275   f) 0,7043   g) 0,8565   h) 0,8215

Lösung 21:

a) 0,1136   b) 0,0210   c) 0,8370   d) 0,0165
e) 0,9995   f) 0,0000   g) 0,5491   h) 0,0468

Hinweis zu h): Es gilt $P(X = 65) = P(X \leq 65) - P(X \leq 64)$.

Lösung 22: Die Wahrscheinlichkeiten wurden mithilfe der Octave-Funktionen `binopdf` bzw. `binocdf` berechnet und die Ergebnisse auf vier Nachkommastellen gerundet.

a) 0,1222   b) 0,0662   c) 0,2570
d) 0,9968   e) 0,0018   f) 0,6276

Lösung 23:

a) Steht K für „Kopf" und Z für „Zahl", dann liegt das Ereignis $KKKZZZZZZZ$ vor. Dazu gehört genau ein Pfad im zugehörigen Wahrscheinlichkeitsbaum, sodass wir $P(KKKZZZZZZZ) = 0,4^3 \cdot 0,6^7 \approx 0,0018$ berechnen.

b) Auch hier betrachten wir genau einen Pfad im zugehörigen Wahrscheinlichkeitsbaum und berechnen $P(ZZZZKZZZZK) = 0,4^2 \cdot 0,6^8 \approx 0,0027$.

c) Die Zufallsvariable X zähle die Anzahl der Treffer („Kopf") in 10 Würfen. X ist binomialverteilt mit den Parametern $n = 10$ und $p = 0,4$. Es gilt $P(X \leq 3) = F_{10;0,4}(3) \approx 0,3823$.

d) Sei A das beschriebene Ereignis. Im zugehörigen Wahrscheinlichkeitsbaum des zehnfach durchgeführten Bernoulli-Experiments interessieren alle Pfade, die mit dreimal „Zahl" beginnen. Die Wahrscheinlichkeit, in den ersten drei Würfen „Zahl" zu erhalten beträgt nach der Pfadregel für mehrstufige Versuche $0,6^3$. Die restlichen 7 Würfe sind binomialverteilt mit $n = 7$ und $p = 0,4$. Ist X die Anzahl von „Kopf", dann wird in den letzten 7 Würfen mit der Wahrscheinlichkeit $P(X = 4) = B_{7;0,4}(4) \approx 0,1935$ viermal „Kopf" erhalten. Daraus folgt $P(A) = 0,6^3 \cdot P(X = 4) \approx 0,0418$.

Lösung 24:

a) Die Zufallsvariable X zähle die Anzahl der zerbrochenen Figuren. X ist binomialverteilt mit $n = 5$ und $p = 0,02$. Mehr zerbrochene als ganze Figuren in einer Packung bedeutet $X \geq 3$. Es gilt:

$$P(X \geq 3) \;=\; 1 - P(X \leq 2) \;\approx\; 1 - 0,9999 \;=\; 0,0001$$

Daraus folgt, dass nur bei einem von 10000 Fünferpacks mehr zerbrochene als ganze Figuren zu erwarten sind.

b) Y bezeichne die Anzahl der einwandfreien Packungen. Die Zufallsvariable Y ist binomialverteilt mit $n = 5$. Wir betrachten jetzt nicht eine Figur, sondern ein Fünferpack als Objekt des zugrunde liegenden Bernoulli-Experiments. Weiter gilt ein Fünferpack als einwandfrei, wenn alle 5 Figuren einwandfrei sind. Die Wahrscheinlichkeit dafür ist $p = 0,98^5 \approx 0,9$. Es gilt $P(X = 4) = B_{5;0,9}(4) \approx 0,3281$.

Lösung 25: Ida kann 10-mal gleichzeitig mit Heinz und unabhängig von ihm ihre Münze werfen, also auch dann, wenn Heinz eine Sechs würfelt. Gezählt werden dabei die Versuche, bei denen sowohl Heinz eine Sechs als auch Ida ein Wappen wirft, d. h., es gibt nur zwei Entscheidungen Treffer und Niete. Folglich ist dieses Zufallsexperiment eine Bernoulli-Kette der Länge 10. Die zugehörige Zufallsvariable ist binomialverteilt mit den Parametern $n = 10$ und der Trefferwahrscheinlichkeit $p = \frac{1}{6} \cdot \frac{1}{2} = \frac{1}{12}$.

Lösung 26: Die Zufallsvariable X zähle die Anzahl von „Stern". Dann gilt:

a) $P(A) = P(X = 3) = \binom{4}{3} \cdot \left(\frac{1}{3}\right)^3 \cdot \frac{2}{3} \approx 0,0988$

b) $P(B) = P(X \geq 3) = P(X = 3) + P(X = 4) \approx 0,0988 + \left(\frac{1}{3}\right)^4 \approx 0,1111$

c) $P(C) = P(X \leq 1) = P(X = 0) + P(X = 1) = \left(\frac{2}{3}\right)^4 + \binom{4}{1} \cdot \frac{1}{3} \cdot \left(\frac{2}{3}\right)^3 \approx 0,5926$

d) $P(D) = P(X \leq 3) = 1 - P(X = 4) \approx 1 - \left(\frac{1}{3}\right)^4 \approx 0,9877$

Lösung 27: Die Zufallsvariable X zähle die Anzahl der Eier mit einer Figur.

a) Aus Berechnung des Erwartungswerts $\mathbb{E}(X) = 25 \cdot \frac{1}{7} \approx 3,572$ folgt, das drei bis vier Figuren zu erwarten sind. Dies tritt mit der folgenden Wahrscheinlichkeit tatsächlich ein:

$$P(3 \leq X \leq 4) = P(X = 3) + P(X = 4)$$
$$= \binom{25}{3} \cdot \left(\frac{1}{7}\right)^3 \cdot \left(\frac{6}{7}\right)^{22} + \binom{25}{4} \cdot \left(\frac{1}{7}\right)^4 \cdot \left(\frac{6}{7}\right)^{21} \approx 0{,}4327$$

b) $P(X \geq 2) = 1 - P(X \leq 1) = 1 - P(X = 0) - P(X = 1)$
$= 1 - \left(\frac{6}{7}\right)^{25} - \binom{25}{1} \cdot \frac{1}{7} \cdot \left(\frac{6}{7}\right)^{24} \approx 0{,}8905$

c) $P(X \leq 23) = 1 - P(X \geq 24) = 1 - P(X = 24) - P(X = 25)$
$= 1 - \binom{25}{24} \cdot \left(\frac{1}{7}\right)^{24} \cdot \frac{6}{7} - \left(\frac{1}{7}\right)^{25} \approx 1$

Lösung 28:

a) Das bedeutet, dass sieben von zehn Autofahrern die Geschwindigkeit einhalten. Die Trefferwahrscheinlichkeit ist $p = 0{,}8$, und folglich gilt

$$P(X = 7) = B_{10;0,8}(7) = \binom{10}{7} \cdot 0{,}8^7 \cdot 0{,}2^3 \approx 0{,}2013 \,,$$

d. h., mit einer Wahrscheinlichkeit von rund 20 % halten sich sieben von zehn Autofahrern an die Geschwindigkeit.

b) Dies entspricht genau dem einen Pfad im zugehörigen Wahrscheinlichkeitsbaum, in dem nur der vierte und siebente Autofahrer zu schnell fahren (zwei Treffer T), aber alle anderen nicht (acht Nieten N). Nach der Pfadregel gilt:

$$P(NNNTNNTNNN) = 0{,}8^3 \cdot 0{,}2 \cdot 0{,}8^2 \cdot 0{,}2 \cdot 0{,}8^3 = 0{,}2^2 \cdot 0{,}8^8 \approx 0{,}0067$$

c) Die ersten drei Autofahrer halten die Geschwindigkeit ein, von den restlichen sieben sollen aber nur zwei zu schnell fahren. Letzteres entspricht einer Bernoulli-Kette der Länge $n = 7$ mit $k = 2$ Treffern. Zählt Y die Raser bei diesem Experiment, dann ergibt sich für das Ereignis $Y = 2$ die Wahrscheinlichkeit $P(Y = 2) = 0{,}8^3 \cdot B_{7;0,2}(2) = 0{,}8^3 \cdot \binom{7}{2} \cdot 0{,}2^2 \cdot 0{,}8^5 \approx 0{,}1409$.

d) X zähle die Anzahl der Raser. Dann gilt:

$$P(X > 5) = 1 - P(X \leq 5) = 1 - F_{10;0,2}(5) \approx 0{,}0064$$

Lösung 29: Zunächst müssen wir bestimmen, wie viele Fahrradklingeln nicht zurückgegeben wurden. Die Anzahl sei mit X bezeichnet. Folglich wurden $(200 - X)$ Klingeln zurückgegeben. Hieraus folgt:

$$1{,}2 \cdot X - (200 - X) \cdot 0{,}8 = 210$$

Aus dieser Gleichung folgt $X = 185$, d. h., es müssen 185 Klingeln in Ordnung sein, damit der Verkäufer einen Gewinn von 210 € Gewinn erzielt. Dieser Fall tritt mit der folgenden Wahrscheinlichkeit ein:

$$P(X = 185) = B_{200;0,95}(185) = \binom{200}{185} \cdot 0,95^{185} \cdot 0,15^{15} \approx 0,0338$$

Lösung 30:

a) $\mathbb{E}(X) = 40 \cdot 0,15 = 6$.

b) An einem Tag können genau 8 Drehgestelle geprüft werden. Die Zufallsvariable X zählt die Anzahl der defekten Drehgestellte und ist binomialverteilt mit den Parametern $n = 8$ und $p = 0,15$. Für die Ereignisse A, B, C und D berechnen wir deshalb:

$P(A) = P(X = 2) = \binom{8}{2} \cdot 0,15^2 \cdot 0,85^6 \approx 0,2376$

$P(B) = P(X = 0) = \binom{8}{0} \cdot 0,15^0 \cdot 0,85^8 = 0,85^8 \approx 0,2725$

$P(C) = P(X \geq 1) = 1 - P(X = 0) \approx 1 - 0,2725 = 0,7275$

$P(D) = P(X = 6) = \binom{8}{6} \cdot 0,15^6 \cdot 0,85^2 \approx 0,00023$

Lösung 31: Die binomialverteilte Zufallsvariable X zähle die verdorbenen Apfelsinen. Dann gilt:

a) $P(A) = P(X = 1) = \binom{5}{1} \cdot 0,2 \cdot 0,8^4 \approx 0,4096$

b) $P(B) = P(X = 0) = 0,8^5 \approx 0,3277$

c) $P(X) = P(X \geq 2) = 1 - P(X \leq 1) = 1 - P(X = 0) - P(X = 1) \approx 0,2627$

Lösung 32: Die Zufallsvariable X zählt die verdorbenen Apfelsinen. Sie ist hypergeometrisch verteilt mit dem Parametern $N = 100$, $M = 20$ und $n = 5$, denn im Unterschied zu Aufgabe 31 ist der Umfang der Apfelsinenmenge bekannt, aus der die Stichprobe entnommen wird. Wir berechnen deshalb:

a) $P(A) = P(X = 1) = \dfrac{\binom{20}{1}\binom{80}{4}}{\binom{100}{5}} = \binom{5}{1} \dfrac{20 \cdot 77 \cdot 78 \cdot 79 \cdot 80}{96 \cdot 97 \cdot 98 \cdot 99 \cdot 100} \approx 0,4201$

b) $P(B) = P(X = 0) = \dfrac{\binom{20}{0}\binom{80}{5}}{\binom{100}{5}} = \binom{5}{0} \dfrac{76 \cdot 77 \cdot 78 \cdot 79 \cdot 80}{96 \cdot 97 \cdot 98 \cdot 99 \cdot 100} \approx 0,3193$

c) $P(C) = P(X \geq 2) = 1 - P(X \leq 1) = 1 - P(X = 0) - P(X = 1) \approx 0,2606$

Lösung 33: Die Zufallsvariable X zählt die Anzahl der „Mogeldosen" und ist hypergeometrisch verteilt mit den Parametern $N = 65$, $M = 12$ und $n = 10$. Wir berechnen deshalb:

a) $P(X = 2) = \frac{\binom{12}{2}\binom{53}{8}}{\binom{65}{10}} = \binom{10}{2}\frac{11\cdot12\cdot46\cdot47\cdot...\cdot53}{56\cdot57\cdot...\cdot65} \approx 0{,}3268$

b) $P(X = 1) = \frac{\binom{12}{1}\binom{53}{9}}{\binom{65}{10}} = \binom{10}{1}\frac{12\cdot45\cdot46\cdot...\cdot53}{56\cdot57\cdot...\cdot65} \approx 0{,}2971$

c) $P(X = 0) = \frac{\binom{12}{0}\binom{53}{10}}{\binom{65}{10}} = \frac{44\cdot45\cdot...\cdot53}{56\cdot57\cdot...\cdot65} \approx 0{,}1089$

d) $P(X \le 2) = P(X = 0) + P(X = 1) + P(X = 2) \approx 0{,}7327$

e) $P(X \ge 2) = 1 - P(X \le 1) = 1 - P(X = 0) - P(X = 1) \approx 0{,}5940$

Aus der Berechnung des Erwartungswerts $\mathbb{E}(X) = n \cdot \frac{M}{N} = \frac{120}{65} \approx 1{,}8462$ folgt, dass sich unter 10 verkauften Dosen aus dem Karton im Mittel etwa 2 „Mogeldosen" befinden.

Lösung 34:

a) Für die Trefferanzahl spielt es keine Rolle, dass die Kugeln durchnummeriert sind. Wichtig ist lediglich die Ziehung (also die Entnahme einer Stichprobe) von $n = 6$ beliebigen Kugeln ohne Zurücklegen aus der Gesamtmenge von $N = 49$ Kugeln. Der Lottospieler hat aus seiner Sicht von den 49 Kugeln $M = 6$ Kugeln mit einem Kreuz markiert. Da die Wahrscheinlichkeit zur Ziehung jeder der 49 Zahlen gleich ist, ist auch die Wahrscheinlichkeit für die Ziehung jeder möglichen Tippreihe gleich. Folglich ist die Trefferanzahl X hypergeometrisch verteilt mit den Parametern $N = 49$ und $M = n = 6$.

b) Wir berechnen

$$P(X = 2) = \frac{\binom{6}{2} \cdot \binom{43}{4}}{\binom{49}{6}} = \binom{6}{2} \cdot \frac{5 \cdot 6 \cdot 40 \cdot 41 \cdot 42 \cdot 43}{44 \cdot 45 \cdot 46 \cdot 47 \cdot 48 \cdot 49} \approx 0{,}1324$$

und analog $P(X = 3) \approx 0{,}01765$, $P(X = 4) \approx 0{,}00097$, $P(X = 5) \approx 0{,}000018$ und $P(X = 6) \approx 0{,}000000071$.

c) Es gilt:

$$P(X \ge 4) = P(X = 4) + P(X = 5) + P(X = 6) \approx 0{,}00099$$

Alternativ kann man zuerst

$$P(X \leq 3) = P(X = 0) + P(X = 1) + P(X = 2) + P(X = 3) \approx 0{,}99901$$

berechnen. Damit ergibt sich $P(X \geq 4) = 1 - P(X \leq 3)$.

d) Es gilt $\mathbb{E}(X) = n\frac{M}{N} = \frac{36}{49} \approx 0{,}73$, d. h., im Mittel ist kein oder ein Treffer zu erwarten.

Lösung 35: Die Zufallsvariable X für die Anzahl der defekten Geräte ist binomialverteilt mit den Parametern $n = 500$ und $p = \frac{5}{100} = 0{,}05$. Wegen des großen Stichprobenumfangs ist die Verwendung der Näherungsformel von Moivre-Laplace sinnvoll. Gemäß Satz 1.25 berechnet man:

$$P(X \geq 30) = 1 - P(X \leq 29) \approx 1 - \Phi\left(\frac{4{,}5}{\sqrt{23{,}75}}\right) \approx 0{,}1779$$

Beispielsweise mit Octave kann man einen geringfügig genaueren Wert ermitteln, wenn man die Octave-Funktion `binocdf` nutzt. Das ergibt $P(X \geq 30) = 1 - P(X \leq 29) = 1 - \text{binocdf}(29,500,0.05) \approx 0{,}1765$. Unabhängig von der Berechnungsmethode wird der Händler kein Erbsenzähler und nur an einem ganzzahligen Prozentwert interessiert sein. Die Wahrscheinlichkeit für die Rücksendung der gesamten Lieferung liegt demnach bei rund $18\,\%$.

Lösung 36: Die Zufallsvariable X ist binomialverteilt mit den Parametern $n = 1200$ und $p = \frac{1}{4}$. Wegen des großen Stichprobenumfangs ist die Verwendung einer Näherungsformel auf Basis der Standardnormalverteilung sinnvoll. Die Verwendung von Satz 1.22 zur Lösung von a) bzw. Satz 1.25 zur Lösung von b) und c) ergibt:

a) $P(X = 280) \approx \frac{1}{\sqrt{225}} \cdot \varphi\left(\frac{-20}{\sqrt{225}}\right) \approx 0{,}0109$

b) $P(X \leq 310) \approx \Phi\left(\frac{10{,}5}{\sqrt{225}}\right) \approx 0{,}758$

c) $P(270 < X \leq 330) = P(X \leq 330) - P(X \leq 270)$
$\approx \Phi\left(\frac{30{,}5}{\sqrt{225}}\right) - \Phi\left(\frac{-29{,}5}{\sqrt{225}}\right) \approx 0{,}9544$

Beispielsweise mit Octave kann man falls erforderlich geringfügig genauere Werte ermitteln, wenn man die Funktionen `binopdf` bzw. `binocdf` nutzt. Das ergibt:

a) $P(X = 280) = \text{binopdf}(280,1200,0.25) \approx 0{,}011$

b) $P(X \leq 310) = \text{binocdf}(310,1200,0.25) \approx 0{,}7589$

c) $P(270 < X \leq 330) = \text{binocdf}(330,1200,0.25)$
$$-\text{binocdf}(270,1200,0.25) \approx 0{,}9545$$

Lösung 37: Die Zufallsvariable X ist binomialverteilt mit den Parametern $n = 110$ und $p = \frac{1}{3}$. Zum Beispiel mithilfe der Octave-Funktionen `binopdf` bzw. `binocdf` berechnet man:

- $P(X = 35) = B_{110;\frac{1}{3}}(35) = \text{binopdf}(35,110,1/3) \approx 0{,}0769$

- $P(X \leq 40) = F_{110;\frac{1}{3}}(40) = \text{binocdf}(40,110,1/3) \approx 0{,}7822$

Alternativ ist die Verwendung einer Näherungsformel auf Basis der Standardnormalverteilung möglich, was wegen $np(1-p) = \frac{220}{9} > 9$ gerechtfertigt ist. Die Verwendung von Satz 1.22 zur Lösung von a) bzw. Satz 1.25 zur Lösung von b) ergibt:

- $P(X = 35) \approx \frac{3}{\sqrt{220}} \cdot \varphi\left(\frac{-5}{\sqrt{220}}\right) \approx 0{,}0762$

- $P(X \leq 40) \approx \Phi\left(\frac{23}{2\sqrt{220}}\right) \approx 0{,}7809$

Lösung 38:

a) Die Zufallsvariable X ist hypergeometrisch verteilt mit den Parametern $N = 8000$, $M = \frac{1}{4} \cdot N = 2000$ und $n = 1200$. Eine Berechnung der Wahrscheinlichkeiten gemäß den Sätzen 2.2 oder 2.13 ist aber nicht möglich, denn dies scheitert selbst beim Einsatz von Computersoftware an den bei der Rechnung auftretenden zu großen Zahlen. Eine direkte Berechnung der hypergeometrischen Wahrscheinlichkeiten ist jedoch auch nicht erforderlich, denn wegen der großen Parameter N und M bzw. wegen $\frac{M}{N} = \frac{1}{4} = p$ können wir davon ausgehen, dass X mit Berücksichtigung der Gesamteinwohnerzahl näherungsweise mit den Parametern $n = 1200$ und $p = \frac{1}{4}$ binomialverteilt ist. Folglich sind die in Lösung 36 genannten Wahrscheinlichkeiten für die leicht abgeänderte Aufgabenstellung gute Näherungswerte.

b) Die Zufallsvariable X ist hypergeometrisch verteilt mit den Parametern $N = 900$, $M = \frac{1}{3} \cdot N = 300$ und $n = 110$. Eine Berechnung der Wahrscheinlichkeiten gelingt mit einem einfachen Taschenrechner nicht, jedoch mit dem Computer und entsprechender Software. Zum Beispiel mithilfe der Octave-Funktionen hygepdf bzw. hygecdf berechnet man:

- $P(X = 35) = H_{900;300;110}(35)$

$$= \text{hygepdf}(35,900,300,110) \approx 0{,}0813$$

- $P(X \leq 40) = \sum_{k=0}^{40} P(X = k)$

$$= \text{hygecdf}(40,900,300,110) \approx 0{,}7968$$

Sollten solche Rechnungen nicht möglich sein, können die in Lösung 37 genannten Wahrscheinlichkeiten als brauchbare Näherungswerte genutzt werden, denn diese hypergeometrische Verteilung ist näherungsweise binomialverteilt mit den Parametern $n = 110$ und $p = \frac{M}{N} = \frac{1}{3}$.

Lösung 39:

a) Für $n = 90$ berechnen wir zum Beispiel mit der Octave-Funktion binocdf:

$$P(8 \leq X \leq 15) = F_{90;\frac{1}{6}}(15) - F_{90;\frac{1}{6}}(7) \approx 0{,}5568$$

Für $n = 30$ ergibt sich analog:

$$P(8 \leq X \leq 15) = F_{30;\frac{1}{6}}(15) - F_{30;\frac{1}{6}}(7) \approx 0{,}1137$$

b) Es gilt $np(1-p) = 90 \cdot \frac{1}{6} \cdot \frac{5}{6} = 12{,}5$, sodass die Faustregel $np(1-p) > 9$ zur Approximation der Binomialverteilung durch die Normalverteilung erfüllt ist. Die Anwendung von Satz 1.23 ergibt:

$$P(8 \leq X \leq 15) \approx \Phi\left(\frac{15-np}{\sqrt{np(1-p)}}\right) - \Phi\left(\frac{7-np}{\sqrt{np(1-p)}}\right)$$

$$\approx \Phi(0) - \Phi(-2{,}2627) \approx 0{,}4882$$

Die Berücksichtigung der Stetigkeitskorrektur gemäß Satz 1.25 bzw. Folgerung 1.26 ergibt:

$$P(8 \leq X \leq 15) \approx \Phi\left(\frac{15-np+0{,}5}{\sqrt{np(1-p)}}\right) - \Phi\left(\frac{8-np-0{,}5}{\sqrt{np(1-p)}}\right)$$

$$\approx \Phi(0{,}1414) - \Phi(-2{,}1213) \approx 0{,}5393$$

Deutlich zeigt sich, dass die Rechnung mit Stetigkeitskorrektur einen genaueren Näherungswert liefert. Der Fehler $0{,}5568 - 0{,}5393 = 0{,}0175$

ist kleiner als 0,02, also kleiner als zwei Prozent. Bei der Rechnung ohne Stetigkeitskorrektur ergibt sich mit $0,5568 - 0,4882 = 0,1086$ ein relativ großer Fehler, sodass der berechnete Näherungswert 0,4882 für die Praxis unbrauchbar und sogar falsch ist.

c) Es gilt $np(1-p) = 30 \cdot \frac{1}{6} \cdot \frac{5}{6} \approx 4,2$, sodass die Faustregel $np(1-p) > 9$ zur Approximation der Binomialverteilung durch die Normalverteilung *nicht* erfüllt ist. Wendet man Satz 1.25 bzw. Folgerung 1.26 trotzdem an, dann ergibt sich:

$$P(8 \leq X \leq 15) \approx \Phi\left(\frac{15-np+0,5}{\sqrt{np(1-p)}}\right) - \Phi\left(\frac{8-np-0,5}{\sqrt{np(1-p)}}\right)$$
$$\approx \Phi(5,1439) - \Phi(1,2247) \approx 0,1103$$

Der Fehler $0,1137 - 0,1103 = 0,0034$ ist kleiner als 0,01, also kleiner als ein Prozent. Obwohl die Faustregel für die Approximierbarkeit der Binomialverteilung durch die Normalverteilung nicht erfüllt ist, erhalten wir hier mit der Normalverteilung trotzdem einen guten Näherungswert. Das ist jedoch nicht verallgemeinerbar und keine Selbstverständlichkeit!

Lösung 40: Das in der Aufgabenstellung beschriebene Wartezeitproblem ist geometrisch verteilt mit dem Parameter $p = \frac{1}{40} = 0,025$.

a) $P(X = 1) = (1-p)^0 \cdot p = p = 0,025$

b) $P(X = 3) = (1-p)^2 \cdot p = 0,0238$

c) $P(X = 20) = (1-p)^{19} \cdot p = 0,0154$

d) $P(X \geq 21) = (1-p)^{20} \approx 0,6027$

e) $P(X \leq 5) = 1 - P(X \geq 6) = 1 - (1-p)^5 \approx 0,1189$

Lösung 41: Die Zufallsvariable X zähle die Einschaltvorgänge bis einschließlich zum ersten Defekt (Treffer). X ist geometrisch verteilt mit $p = \frac{1}{500}$.

a) Hat der Hersteller recht, dann tritt der erste Defekt frühestens beim 1201-ten Einschalten auf. Das schließt aber nicht aus, dass der erste Defekt beim 1202-ten oder 3456-ten Einschaltvorgang auftritt. Das bedeutet auch, dass bis zum ersten Defekt mindestens 1200 defektfreie Einschaltvorgänge (Nieten) vorausgegangen sind und deshalb berechnen wir gemäß Satz 3.8:

$$P(X \geq 1201) = (1-p)^{1200} = \left(\tfrac{499}{500}\right)^{1200} \approx 0,0905$$

Die Wahrscheinlichkeit, dass das Versprechen des Herstellers stimmt, beträgt lediglich rund 9 Prozent. Das spricht nicht gerade für das Produkt und widerlegt die Herstellerangeben, denn hätte er recht, so müsste die Wahrscheinlichkeit $P(X \geq 1201)$ deutlich größer sein. Das man den Herstellerangaben nicht trauen kann, zeigt alternativ die Berechnung des Erwartungswerts $\mathbb{E}(X) = \tfrac{1}{p} = 500$. Im Mittel tritt demnach der erste Defekt beim 500-ten Einschaltvorgang auf. Gegen das Versprechen des Herstellers spricht alternativ die nachfolgend zu b) berechnete Wahrscheinlichkeit.

b) $P(X \leq 1200) = 1 - (1-p)^{1199} = 1 - \left(\tfrac{499}{500}\right)^{1199} \approx 0,9093$

c) Gesucht ist die Trefferwahrscheinlichkeit $p \in (0;1]$, sodass gilt:

$$P(X \geq 2001) \geq 0,95 \quad \Leftrightarrow \quad (1-p)^{2000} \geq 0,95$$

Das ist äquivalent zu:

$$1 - p \geq 0,95^{\frac{1}{2000}} \quad \Leftrightarrow \quad p \leq 1 - 0,95^{\frac{1}{2000}} \approx 0,00002565$$

d) Gesucht ist die Anzahl $j \in \mathbb{N}$ der Einschaltvorgänge, sodass

$$P(X \geq j) = 0,9 \quad \Leftrightarrow \quad (1-p)^{j-1} = 0,9$$

mit $p = \tfrac{1}{10000}$ gilt. Logarithmieren zur Basis e ergibt:

$$(j-1) \cdot \ln(1-p) = \ln(0,9) \quad \Leftrightarrow \quad j = \frac{\ln(0,9)}{\ln(1-p)} + 1 \approx 1054,6$$

Folglich sind mindestens 1054 Einschaltvorgänge ohne Defekt möglich und zur Kontrolle berechnen wir $P(X \geq 1054) = (1-p)^{1053} \approx 0,90005 \approx 0,9$.

Lösung 42: Die geometrisch mit dem Parameter $p \in [0;1]$ verteilte Zufallsvariable X zähle die Anzahl j der Würfe bis zum Auftreten einer der genannten Augenzahlen. Die Trefferwahrscheinlichkeit für eine der Augenzahlen 5 oder 6 ist $p = \tfrac{1}{3}$. Die Wahrscheinlichkeit, innerhalb der Wartezeit j eine 5 oder 6 zu würfeln, soll mindestens 0,9 betragen. Das bedeutet:

$$P(X \leq j) \geq 0,9 \quad \Leftrightarrow \quad 1 - (1-p)^j \geq 0,9 \quad \Leftrightarrow \quad 0,1 \geq (1-p)^j$$

$$\Leftrightarrow \quad \ln(0,1) \geq j \cdot \ln(1-p) \quad \overset{\ln(1-p)<0}{\Longleftrightarrow} \quad j \geq \frac{\ln(0,1)}{\ln(1-p)} = \frac{\ln(0,1)}{\ln\left(\frac{2}{3}\right)} \approx 5,68$$

Wir müssen also mindestens 6-mal würfeln.

Lösung 43: Die Zufallsvariable X zählt die Anzahl der Nieten und ist negativ binomialverteilt mit den Parametern $r = 3$ (Anzahl der Treffer) und $p = \frac{4}{7}$ (Trefferwahrscheinlichkeit). Unter den $j = 8$ Versuchen gibt es $k = j - r = 5$ Nieten. Gemäß Satz 3.12 berechnen wir:

$$P(X = 5) = \binom{7}{5} \cdot \left(\frac{4}{7}\right)^3 \cdot \left(\frac{3}{7}\right)^5 \approx 0,0567$$

Lösung 44: Dies ist eine Anwendung der negativen Binomialverteilung. Wir berechnen:

a) $P(X = 3) = \binom{6}{3} \cdot 0,35^4 \cdot 0,65^3 \approx 0,0824$

b) $P(X = 12) = \binom{29}{18} \cdot 0,35^{12} \cdot 0,65^{18} \approx 0,0502$

Lösung 45: Die Wahrscheinlichkeit dafür, dass die Sekretärin wegen Krankheit an einem beliebigen Arbeitstag fehlt, ist $p = \frac{2}{5} = 0,4$.

a) Das ist ein geometrisch verteiltes Wartezeitproblem, wobei der erste Krankheitstag im Anschluss an die fünf aufeinander folgenden Arbeitstage als Treffer gilt. Wir berechnen $P(X = 6) = (1-p)^5 \cdot p = 0,6^5 \cdot 0,4 \approx 0,0311$.

b) Auch dieses Wartezeitproblem ist geometrisch verteilt, wobei der erste Krankheitstag (Treffer) innerhalb der ersten elf Tage liegt. Deshalb berechnen wir $P(X \leq 11) = 1 - (1 - 0,4)^{10} \approx 0,99637$.

c) Hier spielt der genaue Zeitpunkt eines Treffers (Krankheitstag) keine Rolle, denn dass die Sekretärin beispielsweise Montag und Dienstag oder Montag und Freitag krank ist, wird gleich bewertet. Wir zählen also nur die Anzahl der Treffer innerhalb von fünf Tagen, sodass die Zufallsvariable X für die Anzahl der Treffer mit den Parametern $n = 5$ und $p = 0,4$ binomialverteilt ist. Wir berechnen $P(X = 2) = \binom{5}{2} \cdot 0,4^2 \cdot 0,6^3 \approx 0,3456$.

d) Diese Frage unterliegt der gleichen Verteilung aus c), sodass wir $P(X \geq 2) = 1 - P(X \leq 1) = 1 - 0,6^5 - 5 \cdot 0,4 \cdot 0,6^4 \approx 0,663$ berechnen.

e) Wir müssen nicht zwischen Arbeits- und Urlaubstagen unterscheiden. Folglich zählen wir die Anzahl der Treffer innerhalb von zehn Tagen, sodass die Zufallsvariable X für die Anzahl der Treffer mit den Parametern $n = 10$ und $p = 0,4$ binomialverteilt ist. Da die Sekretärin nicht krank wird, gibt es keinen Treffer, sodass wir $P(X = 0) = \binom{10}{0} \cdot 0,4^0 \cdot 0,6^{10} = 0,6^{10} \approx 0,006$ berechnen.

f) Das ist ein geometrisch verteiltes Wartezeitproblem, wobei der erste Krankheitstag (Treffer) zwischen oder einschließlich dem vierten und zehnten Urlaubstag liegt. Wir berechnen $P(X \geq 4) = (1 - p)^3 = 0,6^3 = 0,216$.

g) Das ist ein negativ binomialverteiltes Wartezeitproblem mit den Parametern $r = 11$ (Treffer) und p. Die Zufallsvariable X zählt die Anzahl der Anwesenheitstage (Nieten), wovon es $k = 23 - 11 = 12$ gibt. Gemäß Satz 3.12 berechnen wir $P(X = 12) = \binom{22}{12} \cdot 0,4^{11} \cdot 0,6^{12} \approx 0,059$.

Lösung 46: In allen Teilaufgaben liegt ein mit den Parametern $n = 10$, $p_1 = 0,7$, $p_2 = 0,1$ und $p_3 = 0,2$ multinomialverteiltes Problem vor. Die Zufallsvariable X_1 zählt die Anzahl der Siege, die Zufallsvariable X_2 zählt die Anzahl der unentschiedenen Läufe und die Zufallsvariable X_3 zählt die Anzahl der verlorenen Läufe, jeweils aus der Perspektive von Heinz.

a) $P(X_1 = 6, X_2 = 4, X_3 = 0) = \dfrac{10!}{6! \cdot 4! \cdot 0!} \cdot 0,7^6 \cdot 0,1^4 \cdot 0,2^0 \approx 0,0025$

b) $P(X_1 = 8, X_2 = 0, X_3 = 2) = \dfrac{10!}{8! \cdot 0! \cdot 2!} \cdot 0,7^8 \cdot 0,1^0 \cdot 0,2^2 \approx 0,1038$

c) Die aus der Sicht von Werner formulierte Aufgabe bedeutet, dass Heinz von zehn Läufen fünf siegreich für sich entscheiden kann, zwei unentscheiden ausgehen und drei für Heinz verloren gehen. Wir berechnen deshalb:

$$P(X_1 = 5, X_2 = 2, X_3 = 3) = \dfrac{10!}{5! \cdot 2! \cdot 3!} \cdot 0,7^5 \cdot 0,1^2 \cdot 0,2^3 \approx 0,0339$$

Alternativ kann man für Werner einen eigenen Zufallsvektor (Y_1, Y_2, Y_2) definieren, wobei Y_1 die Siege, Y_2 die unentschiedenen Läufe und Y_3 die verlorenen Läufe zählt. Dabei muss man die Trefferwahrscheinlichkeiten ebenfalls neu sortieren, d. h., Werner gewinnt mit der Wahrscheinlichkeit 0,2 und verliert mit der Wahrscheinlichkeit 0,7. Damit ergibt sich:

$$P(Y_1 = 3, Y_2 = 2, Y_3 = 5) = \dfrac{10!}{3! \cdot 2! \cdot 5!} \cdot 0,2^3 \cdot 0,1^2 \cdot 0,7^5 \approx 0,0339$$

d) Da Werner alle Läufe verliert, siegt Heinz in allen zehn Läufen. Deshalb berechnen wir:

$$P(X_1 = 10, X_2 = 0, X_3 = 0) = 0.7^{10} \approx 0.0282$$

Alternativ können wir auf die Binomialverteilung zurückgreifen, denn es gibt hier nur zwei verschiedenene Ausgänge, nämlich einen gewonnenen Lauf (Treffer) oder einen verlorenen Lauf (Niete), wobei die Zufallsvariable X dann die Anzahl der Treffer zählt. Aus der Perspektive von Werner ist $p = p_2 + p_3 = 0.3$ die Wahrscheinlichkeit für einen Treffer. Da er zehn von zehn Läufen verliert, sammelt er zehn Nieten ein und deshalb berechnen wir $P(X = 0) = \binom{10}{0} \cdot p^0 \cdot (1 - p)^{10} = 0.7^{10} \approx 0.0282$.

Lösung 47: Eine Person aus Ort A muss mit der Wahrscheinlichkeit $p_1 = \frac{14}{43}$, eine Person aus Ort B muss mit der Wahrscheinlichkeit $p_2 = \frac{11}{43}$, eine Person aus Ort C muss mit der Wahrscheinlichkeit $p_3 = \frac{6}{43}$ und eine Person aus Ort D muss mit der Wahrscheinlichkeit $p_4 = \frac{12}{43}$ aufräumen.

a) Das ist ein mit den Parametern $n = 12$, p_1, p_2, p_3 und p_4 multinomialverteiltes Problem. Die Zufallsvariable X_1 zähle die Personen aus Ort A, X_2 die Personen aus Ort B, X_3 die Personen aus Ort C und X_4 zähle die Anzahl der Personen aus Ort D, die aufräumen müssen. Wir berechnen:

$$P(X_1 = 3, X_2 = 4, X_3 = 2, X_4 = 3) = \frac{12!}{3! \cdot 4! \cdot 2! \cdot 3!} \cdot \left(\frac{14}{43}\right)^3 \cdot \left(\frac{11}{43}\right)^4 \cdot \left(\frac{6}{43}\right)^2 \cdot \left(\frac{12}{43}\right)^3$$
$$\approx 0.0173$$

b) Das ist ein mit den Parametern $n = 8$, p_1, p_2, p_3 und p_4 multinomialverteiltes Problem. Wir berechnen:

$$P(X_1 = 2, X_2 = 2, X_3 = 2, X_4 = 2) = \frac{8!}{2! \cdot 2! \cdot 2! \cdot 2!} \cdot \left(\frac{14}{43}\right)^2 \cdot \left(\frac{11}{43}\right)^2 \cdot \left(\frac{6}{43}\right)^2 \cdot \left(\frac{12}{43}\right)^2$$
$$\approx 0.0265$$

c) Das ist ein mit den Parametern $n = 52$, p_1, p_3, $p_2 + p_4$ multinomialverteiltes Problem. Die Zufallsvariable Y_1 zähle die Personen aus Ort A, Y_2 die Personen aus Ort C und Y_3 zähle die Personen aus den Orten B oder D, die aufräumen müssen. Wir berechnen:

$$P(Y_1 = 14, Y_2 = 16, Y_3 = 22) = \frac{52!}{14! \cdot 16! \cdot 22!} \cdot \left(\frac{14}{43}\right)^{14} \cdot \left(\frac{6}{43}\right)^{16} \cdot \left(\frac{23}{43}\right)^{22}$$
$$\approx 0.0012$$

d) Die mit den Parametern $n = 15$ und $p = p_1$ binomialverteilte Zufallsvariable X zähle die Anzahl der aufräumenden Personen aus Ort A. Wir berechnen:

$$P(X = 5) = \binom{15}{5} \cdot \left(\frac{14}{43}\right)^5 \cdot \left(\frac{29}{43}\right)^{10} \approx 0{,}2139$$

e) Die mit den Parametern $r = 7$ und $p = p_1$ negativ binomialverteilte Zufallsvariable Y zähle die Anzahl der *nicht* aus dem Ort A stammenden Personen, die aufräumen müssen (das sind die Nieten, die aufräumenden Personen aus Ort A gelten als Treffer). Wir berechnen:

$$P(Y = 13) = \binom{19}{13} \cdot \left(\frac{14}{43}\right)^7 \cdot \left(\frac{29}{43}\right)^{13} \approx 0{,}0628$$

f) Die mit dem Parameter $p = p_1$ geometrisch verteilte Zufallsvariable Z zähle die Anzahl der Wochen bis einschließlich zum ersten Aufräumdienst einer Person aus dem Ort A im laufenden Jahr. Wir berechnen:

$$P(Z = 4) = \left(\frac{29}{43}\right)^3 \cdot \frac{14}{43} \approx 0{,}0999$$

Lösung 48:

a) Multinomialverteilung mit $n = 30$, $p_1 = \frac{1}{10}$, $p_2 = \frac{9}{40}$, $p_3 = \frac{3}{10}$ und $p_4 = \frac{3}{8}$.

b) Multinomialverteilung mit $n = 30$, $p_1 = \frac{1}{10}$, $p_2 = \frac{21}{40}$ und $p_4 = \frac{3}{8}$.

c) Multinomialverteilung mit $n = 30$, $p_1 = \frac{13}{40}$ und $p_2 = \frac{27}{40}$.

d) Multinomialverteilung mit $n = 30$, $p_1 = \frac{5}{8}$ und $p_2 = \frac{3}{8}$.

e) Binomialverteilung mit $n = 30$ und $p = \frac{5}{8}$.

Lösung 49:

a) $P(X = 5) \approx \frac{5^5}{5!}e^{-5} \approx 0{,}17547$, $P(X = 10) \approx \frac{5^{10}}{10!}e^{-5} \approx 0{,}01813$,

$P(X \leq 2) = P(X = 0) + P(X = 1) + P(X = 2)$
$\approx e^{-5} + 5e^{-5} + \frac{25}{2}e^{-5} \approx 0{,}12465$

b) $P(X = 3) \approx \frac{1}{3!}e^{-1} \approx 0{,}06131$, $P(X = 4) \approx \frac{1}{4!}e^{-1} \approx 0{,}01533$,

$P(X \leq 2) = P(X = 0) + P(X = 1) + P(X = 2) \approx e^{-1} + e^{-1} + \frac{1}{2}e^{-1} \approx 0{,}9197$

c) $P(X = 0) = e^{-6} \approx 0{,}00248$, $P(X = 1) \approx 6e^{-6} \approx 0{,}01487$,

$P(X > 2) = 1 - P(X \leq 1) = 1 - P(X = 0) - P(X = 1) \approx 0{,}98265$

Lösung 50: Sei X die zu dem Sachverhalt zugehörige Poisson-verteilte Zufallsvariable. Mit $n = 25$ ergibt sich aus $\lambda = np$ die Trefferwahrscheinlichkeit $p = \frac{\lambda}{25} = \frac{0,04}{25} = 0,0016$ für die zugehörige binomialverteilte Zufallsvariable Y.

a) Possion-Verteilung: $P(X = 0) = e^{-0,04} \approx 0,96079$

   Binomialverteilung: $P(Y = 0) = 0,9984^{25} \approx 0,96076$

b) Possion-Verteilung: $P(X = 1) = 0,04 \cdot e^{-0,04} \approx 0,03843$

   Binomialverteilung: $P(Y = 1) = 25 \cdot 0,0016 \cdot 0,9984^{24} \approx 0,03849$

c) Vorbereitend berechnen wir die Wahrscheinlichkeit für genau zwei Anrufe:

   Possion-Verteilung: $P(X = 2) = 0,0008 \cdot e^{-0,04} \approx 0,00077$

   Binomialverteilung: $P(Y = 2) = \binom{25}{2} \cdot 0,0016^2 \cdot 0,9984^{23} \approx 0,00074$

   Zusammen mit den Ergebnissen aus a) und b) ergibt sich damit:

   Possion-Verteilung: $P(X \leq 2) = P(X=0) + P(X=1) + P(X=2) \approx 0,99999$

   Binomialverteilung: $P(Y \leq 2) = P(Y=0) + P(Y=1) + P(Y=2) \approx 0,99999$

Lösung 51: Wir berechnen den Mittelwert

$$\bar{k} = \frac{0 \cdot 109 + 1 \cdot 65 + 2 \cdot 22 + 3 \cdot 3 + 4 \cdot 1}{109 + 65 + 22 + 3 + 1} = \frac{122}{200} = 0,61 \,.$$

Weiter betrachten wir die mit dem Parameter $\lambda = \bar{k}$ Poisson-verteilte Zufallsvariable X und berechnen die Wahrscheinlichkeiten $P(X = k) = \frac{\lambda^k}{k!} \cdot e^{-\lambda}$ sowie die relativen Häufigkeiten $r_k = \frac{z_k}{200}$ jeweils für alle $k \in \{0; 1; 2; 3; 4\}$. Die Ergebnisse sind in der folgenden Tabelle notiert:

k	0	1	2	3	4
$P(X = k)$	0,5433	0,3314	0,1011	0,0206	0,0031
r_k	0,5450	0,3250	0,1100	0,0150	0,0050

Die Rechnung zeigt, dass zwischen den theoretisch ermittelten Zahlen $P(X = k)$ und den empirisch gewonnenen Zahlen r_k ein relativ guter Zusammenhang besteht, d. h., die Daten können näherungsweise durch eine Poisson-Verteilung mit dem Parameter $\lambda = \bar{k}$ beschrieben werden.

Lösung 52: Die Wahrscheinlichkeit, dass ein Schüler an einem bestimmten Tag Geburtstag hat, ist $p = \frac{1}{365}$. Die Zufallsvariablen X bzw. Y beschreiben die Anzahl der Schüler, die am gleichen Tag Geburtstag haben. Dabei sei X binomialverteilt mit den Parametern $n = 917$ und $p = \frac{1}{365}$, während Y mit dem Parameter $\lambda = \mathbb{E}(X) = np = \frac{917}{365} \approx 2{,}5153$ Poisson-verteilt sei. Wir berechnen die Wahrscheinlichkeiten

$$P(X = k) = \binom{n}{k} p^k (1 - p)^k \quad \text{und} \quad P(Y = k) = \frac{\lambda^k}{k!} e^{-\lambda}$$

sowie die relativen Häufigkeiten $r_k = \frac{t_k}{365}$ für alle $k \in \{0; 1; 2; \ldots; 10\}$. Die Ergebnisse sind in der folgenden Tabelle zusammengefasst:

k	0	1	2	3	4	5	6	7	8	9	10
$100 \cdot P(X = k)$	8,08	20,36	25,61	21,46	13,47	6,76	2,82	1,01	0,31	0,09	0,02
$100 \cdot P(Y = k)$	8,11	20,37	25,59	21,43	13,46	6,76	2,83	1,02	0,32	0,09	0,02
$100 \cdot r_k$	10,41	22,19	25,21	20,55	11,51	8,49	2,19	0,82	0,55	0,27	0,27

Die Rechnung zeigt, dass zwischen den theoretisch ermittelten Zahlen $P(X = k)$ bzw. $P(Y = k)$ und den empirisch gewonnenen Daten r_k ein relativ guter Zusammenhang besteht. Außerdem zeigt sich, dass die Binomialverteilung gut durch die Poisson-Verteilung approximiert werden kann.

Lösung 53: Wir nummerieren gedanklich die Personen mit den Zahlen $i = 1, 2, \ldots, 225$ durch. Bei der Frage, ob Person i heute Geburtstag hat oder nicht, gibt es nur zwei Antworten (ja oder nein). Fragen wir alle Personen nacheinander durch, dann ist dies die 225-fache unabhängige Wiederholung eines Bernoulli-Experiments. In der so konstruierten Bernoulli-Kette gilt die mit „ja" beantwortete Frage als Treffer, ein „nein" entsprechend als Niete. Die Trefferwahrscheinlichkeit ist $p = \frac{1}{365}$ (wir betrachten ein normales und kein Schaltjahr). Die Zufallsvariable X zählt die Treffer und ist mit den Parametern $n = 225$ und $p = \frac{1}{365}$ binomialverteilt. Wir berechnen die Wahrscheinlichkeiten dafür, dass keine bzw. genau eine Person heute Geburtstag hat, d. h.:

$$P(X = 0) = (1 - p)^n = \left(\tfrac{364}{365}\right)^{225} \approx 0{,}5394$$

$$P(X = 1) = 225 \cdot p \cdot (1 - p)^{n-1} = 225 \cdot \tfrac{1}{365} \cdot \left(\tfrac{364}{365}\right)^{224} \approx 0{,}3334$$

Damit berechnen wir die Wahrscheinlichkeit dafür, dass mindestens zwei Personen Geburtstag haben:

$$P(X \geq 2) = 1 - P(X \leq 1) = 1 - P(X = 0) - P(X = 1) \approx 0{,}1272$$

Die in Abschnitt 3.4 genannten Faustregeln sind erfüllt, sodass wir $P(X \geq 2)$ alternativ mithilfe der Poisson-Verteilung näherungsweise berechnen können. Zählt die mit dem Parameter $\lambda = np = \frac{225}{365}$ Poisson-verteilte Zufallsvariable Y die Treffer, dann gilt:

$$P(Y \geq 2) = 1 - P(Y = 0) - P(Y = 1) = 1 - e^{-\lambda} - \lambda e^{-\lambda} \approx 0{,}1273$$

Lösung 54: Alle tatsächlich zur Abfahrt erscheinenden Fahrgäste bekommen einen Platz, falls mindestens fünf von den beim Ticketvorverkauf erfassten Personen nicht zur Abfahrt erscheinen.

a) Die Zufallsvariable X zähle die Anzahl nicht zur Abfahrt erscheinender Personen, sie ist binomialverteilt mit den Parametern $n = 210$ und $p = 0{,}0255$. Wir berechnen $P(X \geq 5) = 1 - P(X \leq 4) \approx 1 - 0{,}3777 = 0{,}6223$.

b) Die in Abschnitt 3.4 genannten Faustregeln sind erfüllt, sodass wir $P(X \geq 5)$ alternativ mithilfe der Poisson-Verteilung näherungsweise berechnen können. Zählt die mit dem Parameter $\lambda = np = 5{,}355$ Poisson-verteilte Zufallsvariable Y die Treffer, dann gilt:

$$P(X \geq 5) \approx P(Y \geq 5) = 1 - \sum_{k=0}^{4} \frac{\lambda^k}{k!} e^{-\lambda} \approx 1 - 0{,}3805 \approx 0{,}6195$$

Zählt die normalverteilte Zufallsvariable Z näherungsweise die Treffer, dann berechnen wir gemäß Satz 1.25:

$$P(Z \leq 4) = \Phi\left(\frac{k - np + 0{,}5}{\sqrt{np(1-p)}}\right) \approx \Phi\left(\frac{-0{,}855}{\sqrt{5{,}2184}}\right) \approx 0{,}3541$$

Damit ergibt sich $P(X \geq 5) \approx P(Z \geq 5) = 1 - P(Z \leq 4) \approx 0{,}6459$.

Die Approximation durch die Normalverteilung ergibt ein schlechteres Ergebnis als die Approximation durch die Poisson-Verteilung. Die Normalverteilung stellt bei diesem Beispiel jedoch auch keine gute Wahl dar, denn die in Abschnitt 1.6 genannte Faustregel $np(1-p) > 9$ als Garant für gute Approximationen ist nicht erfüllt. Hier gilt nämlich $np(1-p) \approx 5{,}2$.

Anhang A: Tabellen zur Funktion $B_{n;p}$

n	k	$p=0{,}02$	$0{,}03$	$0{,}04$	$0{,}05$	$0{,}10$	$\frac{1}{6}$	$0{,}20$	$0{,}30$	$\frac{1}{3}$	$0{,}40$	$0{,}50$		
2	0	0,9604	9409	9216	9025	8100	6944	6400	4900	4444	3600	2500	2	
	1	0392	0582	0768	0950	1800	2778	3200	4200	4444	4800	5000	1	
	2	0004	0009	0016	0025	0100	0278	0400	0900	1111	1600	2500	0	2
3	0	0,9412	9127	8847	8574	7290	5787	5120	3430	2963	2160	1250	3	
	1	0576	0847	1106	1354	2430	3472	3840	4410	4444	4320	3750	2	
	2	0012	0026	0046	0071	0270	0694	0960	1890	2222	2880	3750	1	
	3			0001	0001	0010	0046	0080	0270	0370	0640	1250	0	3
4	0	0,9224	8853	8493	8145	6561	4823	4096	2401	1975	1296	0625	4	
	1	0753	1095	1416	1715	2916	3858	4096	4116	3951	3456	2500	3	
	2	0023	0050	0088	0135	0486	1157	1536	2646	2963	3456	3750	2	
	3		0001	0002	0005	0036	0154	0256	0756	0988	1536	2500	1	
	4					0001	0008	0016	0081	0123	0256	0625	0	4
5	0	0,9039	8587	8154	7738	5905	4019	3277	1681	1317	0778	0313	5	
	1	0922	1328	1699	2036	3281	4019	4096	3601	3292	2592	1563	4	
	2	0038	0082	0142	0214	0729	1608	2048	3087	3292	3456	3125	3	
	3		0003	0006	0011	0081	0322	0512	1323	1646	2304	3125	2	
	4					0005	0032	0064	0284	0412	0768	1563	1	
	5						0001	0003	0024	0041	0102	0313	0	5
6	0	0,8858	8330	7828	7351	5314	3349	2621	1176	0878	0467	0156	6	
	1	1085	1546	1957	2321	3543	4019	3932	3025	2634	1866	0938	5	
	2	0055	0120	0204	0305	0984	2009	2458	3241	3292	3110	2344	4	
	3	0002	0005	0011	0021	0146	0536	0819	1852	2195	2765	3125	3	
	4				0001	0012	0080	0154	0595	0823	1382	2344	2	
	5					0001	0006	0015	0102	0166	0369	0938	1	
	6						0001	0007	0014	0041	0156		0	6
7	0	0,8681	8080	7514	6983	4783	2791	2097	0824	0585	0280	0078	7	
	1	1240	1749	2192	2573	3720	3907	3670	2471	2048	1306	0547	6	
	2	0076	0162	0274	0406	1240	2344	2753	3177	3073	2613	1641	5	
	3	0003	0008	0019	0036	0230	0781	1147	2269	2561	2903	2734	4	
	4			0001	0002	0026	0156	0287	0972	1280	1935	2734	3	
	5					0002	0019	0043	0250	0384	0774	1641	2	
	6						0001	0004	0036	0064	0172	0547	1	
	7							0002	0005	0016	0078		0	7
	$p=0{,}98$	$0{,}97$	$0{,}96$	$0{,}95$	$0{,}90$	$\frac{5}{6}$	$0{,}80$	$0{,}70$	$\frac{2}{3}$	$0{,}60$	$0{,}50$		k	n

© Der/die Herausgeber bzw. der/die Autor(en), exklusiv lizenziert an
Springer-Verlag GmbH, DE, ein Teil von Springer Nature 2022
J. Kunath, *Binomialverteilung, (hyper)geometrische Verteilung, Poisson-Verteilung und Co.*, https://doi.org/10.1007/978-3-662-65670-9

n	k	$p=0{,}02$	0,03	0,04	0,05	0,10	$\frac{1}{6}$	0,20	0,30	$\frac{1}{3}$	0,40	0,50		
8	0	0,8508	7837	7214	6634	4305	2326	1678	0576	0390	0168	0039	8	
	1	1389	1939	2405	2793	3826	3721	3355	1977	1561	0896	0313	7	
	2	0099	0210	0351	0515	1488	2605	2936	2965	2731	2090	1094	6	
	3	0004	0013	0029	0054	0331	1042	1468	2541	2731	2787	2188	5	
	4		0001	0002	0004	0046	0260	0459	1361	1707	2322	2734	4	
	5					0004	0042	0092	0467	0683	1239	2188	3	
	6						0004	0011	0100	0171	0413	1094	2	
	7							0001	0012	0024	0079	0313	1	
	8								0001	0002	0007	0039	0	8
9	0	0,8337	7602	6925	6302	3874	1938	1342	0403	0260	0101	0020	9	
	1	1531	2116	2597	2985	3874	3489	3020	1556	1171	0605	0176	8	
	2	0125	0261	0433	0629	1722	2791	3020	2668	2341	1612	0703	7	
	3	0006	0019	0042	0077	0446	1302	1762	2668	2731	2508	1641	6	
	4		0001	0003	0006	0074	0391	0661	1715	2048	2508	2461	5	
	5					0008	0078	0165	0735	1024	1672	2461	4	
	6					0001	0010	0028	0210	0341	0743	1641	3	
	7						0001	0003	0039	0073	0212	0703	2	
	8								0004	0009	0035	0176	1	
	9								0001	0003	0020	0	9	
10	0	0,8171	7374	6648	5987	3487	1615	1074	0282	0173	0060	0010	10	
	1	1667	2281	2770	3151	3874	3230	2684	1211	0867	0403	0098	9	
	2	0153	0317	0519	0746	1937	2907	3020	2335	1951	1209	0439	8	
	3	0008	0026	0058	0105	0574	1550	2013	2668	2601	2150	1172	7	
	4		0001	0004	0010	0112	0543	0881	2001	2276	2508	2051	6	
	5				0001	0015	0130	0264	1029	1366	2007	2461	5	
	6					0001	0022	0055	0368	0569	1115	2051	4	
	7						0002	0008	0090	0163	0425	1172	3	
	8							0001	0014	0030	0106	0439	2	
	9								0001	0003	0016	0098	1	
	10										0001	0010	0	10
15	0	0,7386	6333	5421	4633	2059	0649	0352	0047	0023	0005	0000	15	
	1	2261	2938	3388	3658	3432	1947	1319	0305	0171	0047	0005	14	
	2	0323	0636	0988	1348	2669	2726	2309	0916	0599	0219	0032	13	
	3	0029	0085	0178	0307	1285	2363	2501	1700	1299	0634	0139	12	
	4	0002	0008	0022	0049	0428	1418	1876	2186	1948	1268	0417	11	
	5		0001	0002	0006	0105	0624	1032	2061	2143	1859	0916	10	
	6					0019	0208	0430	1472	1786	2066	1527	9	
	7					0003	0053	0138	0811	1148	1771	1964	8	
	8						0011	0035	0348	0574	1181	1964	7	
	9						0002	0007	0116	0223	0612	1527	6	
	10							0001	0030	0067	0245	0916	5	
	11								0006	0015	0074	0417	4	
	12								0001	0003	0016	0139	3	
	13										0003	0032	2	
	14											0005	1	
	15												0	15
		$p=0{,}98$	0,97	0,96	0,95	0,90	$\frac{5}{6}$	0,80	0,70	$\frac{2}{3}$	0,60	0,50	k	n

n	k	$p=0,02$	0,03	0,04	0,05	0,10	$\frac{1}{6}$	0,20	0,30	$\frac{1}{3}$	0,40	0,50		
20	0	0,6676	5438	4420	3585	1216	0261	0115	0008	0003	0000	0000	20	
	1	2725	3364	3683	3774	2702	1043	0576	0068	0030	0005	0000	19	
	2	0528	0988	1458	1887	2852	1982	1369	0278	0143	0031	0002	18	
	3	0065	0183	0364	0596	1901	2379	2054	0716	0429	0123	0011	17	
	4	0006	0024	0065	0133	0898	2022	2182	1304	0911	0350	0046	16	
	5		0002	0009	0022	0319	1294	1746	1789	1457	0746	0148	15	
	6			0001	0003	0089	0647	1091	1916	1821	1244	0370	14	
	7					0020	0259	0545	1643	1821	1659	0739	13	
	8					0004	0084	0222	1144	1480	1797	1201	12	
	9					0001	0022	0074	0654	0987	1597	1602	11	
	10						0005	0020	0308	0543	1171	1762	10	
	11						0001	0005	0120	0247	0710	1602	9	
	12							0001	0039	0092	0355	1201	8	
	13								0010	0028	0146	0739	7	
	14								0002	0007	0049	0370	6	
	15									0001	0013	0148	5	
	16										0003	0046	4	
	17											0011	3	
	18											0002	2	
	19												1	
	20												0	20
25	0	0,6035	4670	3604	2774	0718	0105	0038	0001	0000	0000	0000	25	
	1	3079	3611	3754	3650	1994	0524	0236	0014	0005	0000	0000	24	
	2	0754	1340	1877	2305	2659	1258	0708	0074	0030	0004	0000	23	
	3	0118	0318	0600	0930	2265	1929	1358	0243	0114	0019	0001	22	
	4	0013	0054	0137	0269	1384	2122	1867	0572	0313	0071	0004	21	
	5	0001	0007	0024	0059	0646	1782	1960	1030	0658	0199	0016	20	
	6		0001	0003	0010	0239	1188	1633	1472	1096	0442	0053	19	
	7				0001	0072	0645	1108	1712	1487	0800	0143	18	
	8					0018	0290	0623	1651	1673	1200	0322	17	
	9					0004	0110	0294	1336	1580	1511	0609	16	
	10					0001	0035	0118	0916	1264	1612	0974	15	
	11						0010	0040	0536	0862	1465	1328	14	
	12						0002	0012	0268	0503	1140	1550	13	
	13							0003	0115	0251	0760	1550	12	
	14							0001	0042	0108	0434	1328	11	
	15								0013	0039	0212	0974	10	
	16								0003	0012	0088	0609	9	
	17								0001	0003	0031	0322	8	
	18									0001	0009	0143	7	
	19										0002	0053	6	
	20											0016	5	
	21											0004	4	
	22											0001	3	
	23												2	
	24												1	
	25												0	25
		$p=0,98$	0,97	0,96	0,95	0,90	$\frac{5}{6}$	0,80	0,70	$\frac{2}{3}$	0,60	0,50	k	n

n	k	p =0,02	0,03	0,04	0,05	0,10	$\frac{1}{6}$	0,20	0,30	$\frac{1}{3}$	0,40	0,50		
30	0	0,5455	4010	2939	2146	0424	0042	0012	0000	0000	0000	0000	30	
	1	3340	3721	3673	3389	1413	0253	0093	0003	0001	0000	0000	29	
	2	0988	1669	2219	2586	2277	0733	0337	0018	0006	0000	0000	28	
	3	0188	0482	0863	1270	2361	1368	0785	0072	0026	0003	0000	27	
	4	0026	0101	0243	0451	1771	1847	1325	0208	0089	0012	0000	26	
	5	0003	0016	0053	0123	1023	1921	1723	0464	0232	0041	0001	25	
	6		0002	0009	0027	0474	1601	1795	0829	0484	0115	0005	24	
	7			0001	0005	0180	1098	1538	1219	0829	0263	0019	23	
	8				0001	0058	0631	1106	1501	1192	0505	0055	22	
	9					0016	0309	0676	1573	1457	0823	0133	21	
	10					0004	0130	0355	1416	1530	1152	0280	20	
	11					0001	0047	0161	1103	1391	1396	0509	19	
	12						0015	0064	0748	1101	1474	0806	18	
	13						0004	0022	0444	0762	1360	1115	17	
	14						0001	0007	0231	0463	1101	1354	16	
	15							0002	0106	0247	0783	1445	15	
	16								0042	0116	0490	1354	14	
	17								0015	0048	0269	1115	13	
	18								0005	0017	0129	0806	12	
	19								0001	0005	0054	0509	11	
	20									0001	0020	0280	10	
	21										0006	0133	9	
	22										0002	0055	8	
	23											0019	7	
	24											0005	6	
	25											0001	5	
	26												4	
	27												3	
	28												2	
	29												1	
	30												0	30
		p =0,98	0,97	0,96	0,95	0,90	$\frac{5}{6}$	0,80	0,70	$\frac{2}{3}$	0,60	0,50	k	n

Anhang B: Tabellen zur Funktion $F_{n;p}$

n	k	$p=0{,}02$	$0{,}03$	$0{,}04$	$0{,}05$	$0{,}10$	$\frac{1}{6}$	$0{,}20$	$0{,}30$	$\frac{1}{3}$	$0{,}40$	$0{,}50$		
2	0	0,9604	9409	9216	9025	8100	6944	6400	4900	4444	3600	2500	1	
	1	9996	9991	9984	9975	9900	9722	9600	9100	8889	8400	7500	0	2
3	0	0,9412	9127	8847	8574	7290	5787	5120	3430	2963	2160	1250	2	
	1	9988	9974	9953	9928	9720	9259	8960	7840	7407	6480	5000	1	
	2			9999	9999	9990	9954	9920	9730	9630	9360	8750	0	3
4	0	0,9224	8853	8493	8145	6561	4823	4096	2401	1975	1296	0625	3	
	1	9977	9948	9909	986	9477	8681	8192	6517	5926	4752	3125	2	
	2		9999	9998	9995	9963	9838	9728	9163	8889	8208	6875	1	
	3				9999	9992	9984	9919	9877	9744	9375		0	4
5	0	0,9039	8587	8154	7738	5905	4019	3277	1681	1317	0778	0313	4	
	1	9962	9915	9852	9774	9185	8038	7373	5282	4609	3370	1875	3	
	2	9999	9997	9994	9988	9914	9645	9421	8369	7901	6826	5000	2	
	3				9995	9967	9933	9692	9547	9130	8125		1	
	4					9999	9997	9976	9959	9898	9688		0	5
6	0	0,8858	8330	7828	7351	5314	3349	2621	1176	0878	0467	0156	5	
	1	9943	9875	9784	9672	8857	7368	6554	4202	3512	2333	1094	4	
	2	9998	9995	9988	9978	9841	9377	9011	7443	6804	5443	3438	3	
	3				9999	9987	9913	9830	9295	8999	8208	6562	2	
	4					9999	9993	9984	9891	9822	9590	8906	1	
	5						9999	9993	9986	9959	9844		0	6
7	0	0,8681	8080	7514	6983	4783	2791	2097	0824	0585	0278	0078	6	
	1	9921	9829	9706	9556	8503	6698	5767	3294	2634	1586	0625	5	
	2	9997	9991	9980	9962	9743	9042	8520	6471	5706	4199	2266	4	
	3			9999	9998	9973	9824	9667	8740	8267	7102	5000	3	
	4					9998	9980	9953	9712	9547	9037	7734	2	
	5						9999	9996	9962	9931	9812	9375	1	
	6							9998	9995	9984	9922		0	7
8	0	0,8508	7837	7214	6634	4305	2326	1678	0576	0390	0168	0039	7	
	1	9897	9777	9619	9428	8131	6047	5033	2553	1951	1064	0352	6	
	2	9996	9987	9969	9942	9619	8652	7969	5518	4682	3154	1445	5	
	3		9999	9998	9996	9950	9693	9437	8059	7414	5941	3633	4	
	4					9996	9954	9896	9420	9121	8263	6367	3	
	5						9996	9988	9887	9803	9502	8555	2	
	6							9999	9987	9974	9915	9648	1	
	7								9999	9998	9993	9961	0	8
		$p=0{,}98$	$0{,}97$	$0{,}96$	$0{,}95$	$0{,}90$	$\frac{5}{6}$	$0{,}80$	$0{,}70$	$\frac{2}{3}$	$0{,}60$	$0{,}50$	k	n

© Der/die Herausgeber bzw. der/die Autor(en), exklusiv lizenziert an
Springer-Verlag GmbH, DE, ein Teil von Springer Nature 2022
J. Kunath, *Binomialverteilung, (hyper)geometrische Verteilung, Poisson-Verteilung und Co.*, https://doi.org/10.1007/978-3-662-65670-9

n	k	$p=0,02$	0,03	0,04	0,05	0,10	$\frac{1}{6}$	0,20	0,30	$\frac{1}{3}$	0,40	0,50		
9	0	0,8337	7602	6925	6302	3874	1938	1342	0404	0260	0101	0020	8	
	1	9869	9718	9522	9288	7748	5427	4362	1960	1431	0705	0195	7	
	2	9994	9980	9955	9916	9470	8217	7382	4628	3772	2318	0898	6	
	3		9999	9997	9994	9917	9520	9144	7297	6503	4826	2539	5	
	4					9991	9910	9804	9012	8552	7334	5000	4	
	5					9999	9989	9969	9747	9576	9006	7461	3	
	6						9999	9997	9957	9917	9750	9102	2	
	7								9996	9990	9962	9805	1	
	8									9999	9997	9980	0	9
10	0	0,8171	7374	6648	5987	3487	1615	1074	0282	0173	0060	0010	9	
	1	9838	9655	9418	9139	7361	4845	3758	1493	1040	0464	0107	8	
	2	9991	9972	9938	9885	9298	7752	6778	3828	2991	1673	0547	7	
	3		9999	9996	9990	9872	9303	8791	6496	5593	3823	1719	6	
	4				9999	9984	9845	9672	8497	7869	6331	3770	5	
	5					9999	9976	9936	9527	9234	8338	6230	4	
	6						9997	9991	9894	9803	9452	8281	3	
	7							9999	9984	9966	9877	9453	2	
	8								9999	9996	9983	9893	1	
	9										9999	9990	0	10
11	0	0,8007	7153	6382	5688	3138	1346	0859	0198	0116	0036	0005	10	
	1	9805	9587	9308	8981	6974	4307	3221	1130	0751	0302	0059	9	
	2	9988	9963	9917	9848	9104	7268	6174	3127	2341	1189	0327	8	
	3		9998	9993	9984	9815	9044	8389	5696	4726	2963	1133	7	
	4				9999	9972	9755	9496	7897	7110	5328	2744	6	
	5					9997	9954	9883	9218	8779	7535	5000	5	
	6						9994	9980	9784	9614	9006	7256	4	
	7						9999	9998	9957	9912	9707	8867	3	
	8								9994	9986	9941	9673	2	
	9								9999	9993	9941		1	
	10											9995	0	11
12	0	0,7847	6938	6127	5404	2824	1122	0687	0138	0077	0022	0002	11	
	1	9769	9514	9191	8816	6590	3813	2749	0850	0540	0196	0032	10	
	2	9985	9952	9893	9804	8891	6774	5583	2528	1811	0834	0193	9	
	3	9999	9997	9990	9978	9744	8748	7946	4925	3931	2253	0730	8	
	4			9999	9998	9957	9636	9274	7237	6315	4382	1938	7	
	5					9995	9921	9806	8822	8223	6652	3872	6	
	6					9999	9987	9961	9614	9336	8418	6128	5	
	7						9998	9994	9905	9812	9427	8062	4	
	8							9999	9983	9961	9847	9270	3	
	9								9998	9995	9972	9807	2	
	10										9997	9968	1	
	11											9998	0	12
15	0	0,7386	6333	5421	4633	2059	0649	0352	0047	0023	0005	0000	14	
	1	9647	9270	8809	8290	5490	2596	1671	0353	0194	0052	0005	13	
	2	9970	9906	9797	9638	8159	5322	3980	1268	0794	0271	0037	12	
		$p=0,98$	0,97	0,96	0,95	0,90	$\frac{5}{6}$	0,80	0,70	$\frac{2}{3}$	0,60	0,50	k	n

n	k	$p=0{,}02$	$0{,}03$	$0{,}04$	$0{,}05$	$0{,}10$	$\frac{1}{6}$	$0{,}20$	$0{,}30$	$\frac{1}{3}$	$0{,}40$	$0{,}50$		
15	3	9998	9992	9976	9945	9444	7685	6482	2969	2092	0905	0176	11	
	4		9999	9998	9994	9873	9102	8358	5155	4041	2173	0592	10	
	5				9999	9978	9726	9389	7216	6184	4032	1509	9	
	6					9997	9934	9819	8689	7970	6098	3036	8	
	7						9987	9958	9500	9118	7869	5000	7	
	8						9998	9992	9848	9692	9050	6964	6	
	9							9999	9963	9915	9662	8491	5	
	10								9993	9982	9907	9408	4	
	11								9999	9997	9981	9824	3	
	12										9997	9963	2	
	13											9995	1	
	14												0	15
20	0	0,6676	5438	4420	3585	1216	0261	0115	0008	0003	0000	0000	19	
	1	9401	8802	8103	7358	3917	1304	0692	0076	0033	0005	0000	18	
	2	9929	9790	9561	9245	6769	3287	2061	0355	0176	0036	0002	17	
	3	9994	9973	9926	9841	8670	5665	4114	1071	0605	0160	0013	16	
	4		9997	9990	9974	9568	7687	6296	2375	1515	0510	0059	15	
	5			9999	9997	9887	8982	8042	4164	2972	1256	0207	14	
	6					9976	9629	9133	6080	4793	2500	0577	13	
	7					9996	9887	9679	7723	6615	4159	1316	12	
	8					9999	9972	9900	8867	8095	5956	2517	11	
	9						9994	9974	9520	9081	7553	4119	10	
	10						9999	9994	9829	9624	8725	5881	9	
	11							9999	9949	9870	9435	7483	8	
	12								9987	9963	9790	8684	7	
	13								9997	9991	9935	9423	6	
	14									9998	9984	9793	5	
	15										9997	9941	4	
	16											9987	3	
	17											9998	2	20
50	0	0,3642	2181	1299	0769	0052	0001	0000	0000	0000	0000	0000	49	
	1	7358	5553	4005	2794	0338	0012	0002	0000	0000	0000	0000	48	
	2	9216	8108	6767	5405	1117	0066	0013	0000	0000	0000	0000	47	
	3	9822	9372	8609	7604	2503	0238	0057	0000	0000	0000	0000	46	
	4	9968	9832	9510	8964	4312	0643	0185	0002	0000	0000	0000	45	
	5	9995	9963	9856	9622	6161	1388	0480	0007	0001	0000	0000	44	
	6	9999	9993	9964	9882	7702	2506	1034	0025	0005	0000	0000	43	
	7		9999	9992	9968	8779	3911	1904	0073	0017	0000	0000	42	
	8			9999	9992	9421	5421	3073	0183	0050	0002	0000	41	
	9				9998	9755	6830	4437	0402	0127	0008	0000	40	
	10					9906	7986	5836	0789	0284	0022	0000	39	
	11					9968	8827	7107	1390	0570	0057	0000	38	
	12					9990	9373	8139	2229	1035	0133	0002	37	
	13					9997	9693	8894	3279	1715	0280	0005	36	
	14					9999	9862	9393	4468	2612	0540	0013	35	
	15						9943	9692	5692	3690	0955	0033	34	50
		$p=0{,}98$	$0{,}97$	$0{,}96$	$0{,}95$	$0{,}90$	$\frac{5}{6}$	$0{,}80$	$0{,}70$	$\frac{2}{3}$	$0{,}60$	$0{,}50$	k	n

n	k	$p=0{,}02$	0,03	0,04	0,05	0,10	$\frac{1}{6}$	0,20	0,30	$\frac{1}{3}$	0,40	0,50		
50	16						9978	9856	6839	4868	1561	0077	33	
	17						9992	9937	7822	6046	2369	0164	32	
	18						9997	9975	8594	7126	3356	0325	31	
	19						9999	9991	9152	8036	4465	0595	30	
	20							9997	9522	8741	5610	1013	29	
	21							9999	9749	9244	6701	1611	28	
	22								9877	9576	7660	2399	27	
	23								9944	9778	8438	3359	26	
	24								9976	9892	9022	4439	25	
	25								9991	9951	9427	5561	24	
	26								9997	9979	9686	6641	23	
	27								9999	9992	9840	7601	22	
	28									9997	9924	8389	21	
	29									9999	9966	8987	20	
	30										9986	9405	19	
	31										9995	9675	18	
	32										9998	9836	17	
	33										9999	9923	16	
	34											9967	15	
	35											9987	14	
	36											9995	13	
	37											9998	12	50
100	0	0,1326	0476	0169	0059	0000	0000	0000	0000	0000	0000	0000	99	
	1	4033	1946	0872	0371	0003	0000	0000	0000	0000	0000	0000	98	
	2	6767	4198	2321	1183	0019	0000	0000	0000	0000	0000	0000	97	
	3	8590	6472	4295	2578	0078	0000	0000	0000	0000	0000	0000	96	
	4	9492	8179	6289	4360	0237	0001	0000	0000	0000	0000	0000	95	
	5	9845	9192	7884	6160	0576	0004	0000	0000	0000	0000	0000	94	
	6	9959	9688	8936	7660	1172	0013	0001	0000	0000	0000	0000	93	
	7	9991	9894	9525	8720	2061	0038	0003	0000	0000	0000	0000	92	
	8	9998	9968	9810	9369	3209	0095	0009	0000	0000	0000	0000	91	
	9		9991	9932	9718	4513	0213	0023	0000	0000	0000	0000	90	
	10		9998	9978	9885	5832	0427	0057	0000	0000	0000	0000	89	
	11			9993	9957	7030	0777	0126	0000	0000	0000	0000	88	
	12			9998	9985	8018	1297	0253	0000	0000	0000	0000	87	
	13				9995	8761	2000	0469	0001	0000	0000	0000	86	
	14				9999	9274	2874	0804	0002	0000	0000	0000	85	
	15					9601	3877	1285	0004	0000	0000	0000	84	
	16					9794	4942	1923	0010	0001	0000	0000	83	
	17					9900	5994	2712	0022	0002	0000	0000	82	
	18					9954	6965	3621	0045	0005	0000	0000	81	
	19					9980	7803	4602	0089	0011	0000	0000	80	
	20					9992	8481	5595	0165	0024	0000	0000	79	
	21					9997	8998	6540	0288	0048	0000	0000	78	
	22					9999	9369	7389	0479	0091	0001	0000	77	
	23						9621	8109	0755	0164	0002	0000	76	
	24						9783	8686	1136	0281	0006	0000	75	
	25						9881	9125	1631	0458	0012	0000	74	100
		$p=0{,}98$	0,97	0,96	0,95	0,90	$\frac{5}{6}$	0,80	0,70	$\frac{2}{3}$	0,60	0,50	k	n

n	k	p=0,02	0,03	0,04	0,05	0,10	$\frac{1}{6}$	0,20	0,30	$\frac{1}{3}$	0,40	0,50		
100	26						9938	9442	2244	0715	0024	0000	73	
	27						9969	9658	2964	1066	0046	0000	72	
	28						9985	9800	3768	1524	0084	0000	71	
	29						9993	9888	4623	2093	0148	0000	70	
	30						9997	9939	5491	2766	0248	0000	69	
	31						9999	9969	6331	3525	0399	0001	68	
	32							9984	7107	4344	0615	0002	67	
	33							9993	7793	5188	0912	0004	66	
	34							9997	8371	6019	1303	0009	65	
	35							9999	8839	6803	1795	0018	64	
	36							9999	9201	7511	2386	0033	63	
	37								9470	8123	3068	0060	62	
	38								9660	8630	3822	0105	61	
	39								9790	9034	4621	0176	60	
	40								9875	9341	5433	0284	59	
	41								9928	9566	6225	0443	58	
	42								9960	9724	6967	0666	57	
	43								9979	9831	7635	0967	56	
	44								9989	9900	8211	1356	55	
	45								9995	9943	8689	1841	54	
	46								9997	9969	9070	2421	53	
	47								9999	9983	9362	3086	52	
	48								9999	9991	9577	3822	51	
	49									9996	9729	4602	50	
	50									9998	9832	5398	49	
	51									9999	9900	6178	48	
	52										9942	6914	47	
	53										9968	7579	46	
	54										9983	8159	45	
	55										9991	8644	44	
	56										9996	9033	43	
	57										9998	9334	42	
	58										9999	9557	41	
	59											9716	40	
	60											9824	39	
	61											9895	38	
	62											9940	37	
	63											9967	36	
	64											9982	35	
	65											9991	34	
	66											9996	33	
	67											9998	32	
	68											9999	31	100
		p=0,98	0,97	0,96	0,95	0,90	$\frac{5}{6}$	0,80	0,70	$\frac{2}{3}$	0,60	0,50	k	n

Symbolverzeichnis

$\{x_1, x_2, \ldots\}$ Menge mit den Elementen $x_1, x_2, \ldots$

$\{x \mid \ldots\}$ Menge bestehend aus allen Elementen x für die $\ldots$ gilt

$\emptyset$ leere Menge (enthält kein Element)

$x \in M$ x ist Element von M

$x, y \in M$ x und y sind Elemente von M

$x \notin M$ x ist kein Element von M

$A \subseteq B$ A ist echte Teilmenge von B oder A ist gleich B

$A \subset B$ A ist echte Teilmenge von B

$\mathbb{N}$ $= \{1, 2, 3, \ldots\}$ = Menge der natürlichen Zahlen

$\mathbb{N}_0$ $= \mathbb{N} \cup \{0\}$

$\mathbb{Z}$ $= \{\ldots, -3, -2, -1, 0, 1, 2, 3, \ldots\}$ = Menge der ganzen Zahlen

$\mathbb{R}$ Menge (Körper) der reellen Zahlen

$\mathbb{R}_{>0}$ $= \{x \in \mathbb{R} \mid x > 0\}$

$\mathbb{R}_{\geq 0}$ $= \{x \in \mathbb{R} \mid x \geq 0\}$

$(a; b)$ offenes Intervall reeller Zahlen $a < b$;
Alternativbedeutung: Geordnetes Wertepaar reeller Zahlen a und b, wobei zwischen a und b eine beliebige Relation bestehen kann. Die genaue Bedeutung des Symbols $(a; b)$ ergibt sich jeweils eindeutig aus dem Sachzusammenhang.

$[a; b]$ abgeschlossenes Intervall reeller Zahlen mit $a < b$

$(a; b]$ linksseitig offenes Intervall reeller Zahlen mit $a < b$

$[a; b)$ rechtsseitig offenes Intervall reeller Zahlen mit $a < b$

© Der/die Herausgeber bzw. der/die Autor(en), exklusiv lizenziert an
Springer-Verlag GmbH, DE, ein Teil von Springer Nature 2022
J. Kunath, *Binomialverteilung, (hyper)geometrische Verteilung, Poisson-Verteilung und Co.*, https://doi.org/10.1007/978-3-662-65670-9

$\infty, -\infty$	(plus) unendlich, minus unendlich
$n!$	$= 1 \cdot 2 \cdot 3 \cdot \ldots \cdot (n-1) \cdot n = $ Fakultät von $n \in \mathbb{N}$
$0!$	$= 1 = $ Fakultät von 0
$\binom{n}{k}$	$= \dfrac{n!}{(n-k)! \cdot k!} = $ Binomialkoeffizient zu $n, k \in \mathbb{N}_0$ mit $k \leq n$
$\approx$	Rundungszeichen, z. B. $1{,}01 \approx 1$
$\mathbb{E}(X)$	Erwartungswert der Zufallsvariable X
$\text{Var}(X)$	Varianz der Zufallsvariable X
$A := B$	A wird definiert durch B, d. h., das Symbol bzw. der Ausdruck A wird durch den rechts stehenden Ausdruck B definiert, Beispiel: $f(x) := x + 1$
$A = B$	A ist gleich B, d. h., die Symbole/Ausdrücke A und B sind äquivalent zueinander, Beispiel: $x + 1 = x + 2 - 1$
$\Leftrightarrow$	Äquivalenzpfeil zur Verknüpfung von zueinander äquivalenten mathematischen Aussagen bzw. Aussageformen A und B, d. h., man schreibt abkürzend $A \Leftrightarrow B$.
$\Rightarrow$	Folgerungspfeil zur Verknüpfung von mathematischen Aussagen bzw. Aussageformen A und B, wobei B aus A folgt, d. h., man schreibt abkürzend $A \Rightarrow B$.

Allgemeine Hinweise: Als Dezimaltrennzeichen wird grundsätzlich ein Komma verwendet. Alle hier nicht genannten Symbole und Notationen sind innerhalb dieses Buchs erklärt oder werden als bekannt vorausgesetzt.

Literaturverzeichnis

[1] Bartsch, Hans-Jochen: *Taschenbuch mathematischer Formeln für Ingenieure und Naturwissenschaftler*, Hanser, München, 24. Auflage, 2018

[2] Bronstein, Ilja Nikolajewitsch; Semendjajew, Konstantin Adolfowitsch; Musiol, Gerhard; Mühlig, Heiner: *Taschenbuch der Mathematik*, Europa Lehrmittel, 11. Auflage, 2020

[3] Behrends, Ehrhard: *Elementare Stochastik. Ein Lernbuch - von Studierenden mitentwickelt*, Springer Spektrum, Wiesbaden, 2013

[4] Bosch, Karl: *Elementare Einführung in die Wahrscheinlichkeitsrechnung*, Vieweg, Wiesbaden, 7. Auflage, 1999

[5] Brell, Claus; Brell, Juliana; Kirsch, Siegfried: *Statistik von Null auf Hundert. Mit Kochrezepten schnell zum Statistik-Grundwissen*, Springer Spektrum, Heidelberg, 2014

[6] Fischer, Gerd; Lehner, Matthias; Puchert, Angela: *Einführung in die Stochastik. Die grundlegenden Fakten mit zahlreichen Erläuterungen, Beispielen und Übungsaufgaben*, Springer Spektrum, Wiesbaden, 2. Auflage, 2015

[7] Henze, Norbert: *Stochastik für Einsteiger*, Springer Spektrum, Wiesbaden, 12. Auflage, 2018

[8] Krengel, Ulrich: *Einführung in die Wahrscheinlichkeitstheorie und Statistik*, Vieweg, Wiesbaden, 8. Auflage, 2005

[9] Papula, Lothar: *Mathematik für Ingenieure und Naturwissenschaftler Band 3. Vektoranalysis, Wahrscheinlichkeitsrechnung, Mathematische Statistik, Fehler- und Ausgleichsrechnung*, Vieweg+Teubner, Wiesbaden, 6. Auflage, 2011

[10] Reinhardt, Fritz: *dtv-Atlas Schulmathematik*, Deutscher Taschenbuch Verlag, München, 2002

[11] Steland, Ansgar: *Basiswissen Statistik. Kompaktkurs für Anwender aus Wirtschaft, Informatik und Technik*, Springer, Heidelberg, 2007

© Der/die Herausgeber bzw. der/die Autor(en), exklusiv lizenziert an Springer-Verlag GmbH, DE, ein Teil von Springer Nature 2022
J. Kunath, *Binomialverteilung, (hyper)geometrische Verteilung, Poisson-Verteilung und Co.*, https://doi.org/10.1007/978-3-662-65670-9

Sachverzeichnis

Printed in the United States
by Baker & Taylor Publisher Services

Printed in the United States
by Baker & Taylor Publisher Services